山川 理 著
YAMAKAWA Osamu

サツマイモの世界
世界のサツマイモ

新たな食文化のはじまり

現代書館

まえがき──サツマイモが日本を救う日

　最初にこんな話をします──。
　食糧自給率40％（カロリーベース）の日本で輸入が止まり、食糧危機が起きたら……

　そんな非常事態を考えたことはありますか？　日頃は考えたりしませんが、地球規模の災害や穀物地帯の大干ばつ・病虫害、複雑な地域紛争がもたらす海上封鎖、経済制裁、港湾労働者の長期にわたるストライキなど、食糧不足が起こる原因はけっこうあるのです。
　現に平成になって間もない頃、アメリカで港湾労働者のストが起きて、日本向けの大豆が入ってこなくなるという事態が発生しました。日本の農林水産省内では、これを受けて食糧安全保障のプロジェクトを組んだことがありました。
　通常の研究プロジェクトは農林水産技術会議事務局が仕切るのですが、このときはいきなり農林大臣官房から「食糧危機に備えてどういう対策がとれるのか？　日本人が飢えないで済む方法を考えよ」というテーマでプロジェクトを組むと言ってきました。関係部署の人間は全員拒否できません。九州沖縄農業研究センターの畑作担当部長だった私は、いも類生産の関係で、そのまとめ役を務めました。

　本省では、輸入が規制されていく段階ごとに食生活がどうなるかという想定作業を行っていたようですが、私たち、つまり農業環境技術研究所、種苗管理センター、九州沖縄農業研究センターからなるいも類生産のプロ

ジェクトチームでは「使える農地がどのくらい確保できるのか？」「そこで何をどのように作ればいいのか？」というのがテーマです。

　米を作ることは想定外——これは早々に方向性が決まりました。こうした事態では石油や他の天然資源の輸入も止まるので、肥料を作るための原料や、機械を動かすための燃料も不足する。つまり米は作ることができなくなるからです。植えるべき作物は、肥料も農薬も少なめで栽培が簡単、野菜と穀物両方の特性を持っているいも類です。北日本はジャガイモ、福島あたりから南はサツマイモという区分でいも類を作れば、「日本は飢えないで済む」という結論に至りました。

　研究で苦労したのは、1年のうち何月頃に輸入が止まるかという問題でした。なにしろ、この時期しだいで対応法が変わってきます。例えば、夏場に食糧危機が起きた場合には秋に収穫されるサツマイモを植えても間に合いません。

　もし春ならば植え付けは間に合いますが、どれくらいの量の種いもが確保できるのか。種いもが足りないとしたらどうやって急速にいも苗を増やせばいいか。そういう問題に対応するためのアイデアを出し合うことに力を注ぎました。というのも、通常種いもは翌年の栽培に必要な量が春まで保管されているだけですから。

　このプロジェクトの結果、どの時期に食糧不足の危機が訪れても、サツマイモを200万ha（ヘクタール）以上は作れることがわかりました。これは東京都の面積の約10倍です。国民の誰もがスコップ一つでサツマイモ作りに励めば、この面積までは一気に栽培を増やすことが可能です。

　10a（アール／10a = 1000m^2 ≒ 1反）の畑から取れるサツマイモで家族4人が1年間は食べていけます。サツマイモを作ればお米の3倍の人口を養うことができますから、必要カロリーとしてはこれでまず大丈夫でしょう。

しかも肥料や農薬をほとんど必要とせず、栽培は簡単です。ツルを刈ったり、いもを掘るにはけっこう体力を使いますが、道具としては鎌とスコップがあれば十分です。栄養価的にみると準完全栄養食品といえます。不足する脂肪やたんぱく質などは小魚で補うようにすればいいでしょう。非常事態では大きな魚を遠洋まで獲りに行く大型漁船用の燃料なども手に入らないでしょうが、小魚くらいは川や湖、そして海岸近くでも獲れるでしょう。

　農水省ではこのプロジェクトの成果をまとめて、2002（平成14）年３月に「不測時の食料安全保障マニュアル」を公表しました。さらにこのマニュアルは東日本大震災や福島第一原発事故を受けて2012（平成24）年には新しく改訂されています。その見直しの検討過程とその後のマニュアルは農水省のホームページで見ることができます。
　最悪、植え付けが終わった夏場に危機が襲ってきても半年間分のいも類の備蓄があれば、翌年秋まで食いつなぐことができます。

　どうですか？　食糧危機対応といういささか極端な形でサツマイモの話をしたために素朴な"おいもさん"のイメージが吹き飛んでしまい、"これはおいしいサツマイモの本ではないのか⁉"と驚かれた方もいることでしょう。とはいえ、サツマイモは思いのほかドラマチックな農作物であり、その能力の一端は伝わったかと思います。
　でも、サツマイモのドラマはこれだけでは収まりません。もっともっと大きな潜在能力と歴史ロマンを持った作物なのです。私は、そういうサツマイモが内に秘めた多様な世界を知っていただきたくて筆を執りました。サツマイモの世界は未知の魅力にあふれています。この本は、その魅力を存分に味わってもらうために書いたガイドブックです。

本論は大きく4つに分かれます。第1章は「現代日本とサツマイモ」で、戦中戦後の救荒作物・お米の代用時代から、健康を守る重要作物として品種改良技術で世界一になった今日までの日本を、サツマイモの側から農業技術史として見ていきます。第2章および第3章は「サツマイモとはどんな植物なの？」「日本農業にとってどんな役割を持った作物なの？」と、サツマイモをそれぞれ植物学・農政学の面から考えます。最後の第4章は「サツマイモはいかにして世界に広がっていったか？」です。ここはスケール大きく歴史地理学的に考えます。
　それでは、サツマイモ世界の時空間を旅していきましょう。

目　次

まえがき——サツマイモが日本を救う日　1

第1章　サツマイモの現代史——日本人とサツマイモの関係　9

1　戦中戦後のサツマイモ　12
「沖縄100号」の記憶／サツマイモの2つの流れ

2　サツマイモの私的同時代史　17
黄金期の昭和30年代／苦戦の昭和40・50年代／サツマイモの地位／崖っぷちの昭和60年代と私の進路／平成のサツマイモ栽培

3　日本の代表的な品種と産地　25
関東と九州で異なるトレンド／古今のスター品種、知られざる重要品種／サツマイモのブランド化／主要産地のバックグラウンド

4　サツマイモをめぐる現代　38
嗜好の変化／21世紀には「有色サツマイモ」が台頭／もっと食べよう健康食／エコ作物な点もメリット／サツマイモ自給率と輸出の見込み

5　研究のつれづれに　47
サツマイモ研究の面白さ／サツマイモ界の常識と戦う／新しい特性が起こすイノベーション／常識外れなサツマイモに着目する

6　食糧危機を想定した意図　55

★芋ようかんの歴史とこれから（株式会社 舟和本店）　60

★地味なイメージを一新 干しいものさらなる可能性（株式会社 幸田商店）　62

★なんにでも適応する素材 洋菓子作りの万能選手です（菓子工房《プランタン》）　64

第2章　サツマイモの植物学——面白くて感動的な農作物　67

1　サツマイモの独自性　68
呼び名がこんなにある／傑出した特性を持っている／不思議なパワーがある

2　植物としての特性　75
栽培の適地は熱帯・亜熱帯／ローカル作物のイメージ／温帯での正しい栽培法／初めに植えるのは種いも、それともツル？／サツマイモ直播への試み／サツマイモとジャガイモは近親者にあらず／生でも食べられる

3　栄養価とおいしさ　83
サツマイモの形・味・栄養価／野菜であり穀物である準完全栄養食品／ジャガイモで考えると……／サツマイモとジャガイモ／大豆・米・麦とは違う安全性

4　幅広い用途　90
食用にも非食用にも役立つサツマイモ／サツマイモでんぷんとは？／いも焼酎改良の変遷／サツマイモから工業用アルコール／サツマイモのジュースパウダーとは？／干しいも用のサツマイモ／サツマイモの麺／サツマイモ世界の流れを変えた研究

5　サツマイモの実務　105
収量性を考える／こうすれば収量は増えるが……／過剰な肥料は禁物／サツマイモと土壌／サツマイモの貯蔵／家庭菜園で取り組む人へ

6　世界のサツマイモの品種　114
サツマイモの品種は何種類？／日本の育種システム／「観賞用サツマイモ」の商品化、その将来性／「すいおう」誕生の経緯／アントシアニン品種の用途

7　品種改良の世界——いまトップランナーは日本　123
トップランナーは時代で変わる／品種改良でアメリカを抜く／世界レベルでの品種改良／サツマイモ育種の将来

★サツマイモの蜜「あめんどろ」機能性も風味も世界レベル
　　（農業法人　唐芋農場）　130

★サツマイモ若葉「すいおう」青汁素材として活用（株式会社東洋新薬）　132

第3章　サツマイモの農政学──日本人の食生活　135

1　日本の農政とサツマイモ　136

日本農政の骨格／豊かな食卓が生むジレンマ／食の安全保障／米作が基準の農業経済体質／農作業における排他性と自律性／大規模メリットがないサツマイモ栽培／減反に見る日本的対応／適地適作で行かねば／食糧をどう考えるか／取るべき対応策／畑作の経営安定を目指して／日本の野菜の問題点

2　品種開発の道筋　155

新品種ができるまで／新品種開発における目標設定／ねっとり系サツマイモの開発／新品種開発の成功率／国と県の関係について／野菜の原種は農水省が確保

★世界のサツマイモ大紀行"ルーツ・プロジェクト"
　　（霧島ホールディングス株式会社）　168

★サツマイモは"人"をつなぐ（有限会社 なるとや）　170

★サツマイモで屋上を緑化して省エネ 芋焼酎も産みコミュニティも形成
　　（株式会社 日建設計）　172

第4章　サツマイモの歴史地理──こうして日本にやってきた　175

1　サツマイモ伝播の道をたどる　176

原産国から日本まで／サツマイモの起源／古代人にとってサツマイモとは／伝播ルートは3つ／クマラ・ルートこそ主たる経路だと考える／クマラ・ルートはポリネシア人の業績／バタータス・ルートはポルトガル人の業績／試験地となったカナリア諸島／ヨーロッパ本土での伝播地域は小さかった／ポルトガル発のサツマイモはアフリカ大陸へ／カモテ・ルートはメキシコからフィリピン・北米へ／サツマイモ3ルートの三叉路

2　サツマイモが広がっていくとき　202

門外不出の種いも／日本のサツマイモは中国から来た／「日本のサツマイモの故郷」とされる福建省／近代日本のサツマイモ／昔の品種を保存することが大切／

新興国のサツマイモ事情

3　国ごとのサツマイモ　211
生産量で日本を抜く最近のアメリカ／オレンジ系のサツマイモ／日中韓サツマイモのお国柄／進む中国の品種改良技術／韓国のサツマイモ事情

4　サツマイモの国際戦略性　220
自由貿易とサツマイモ／中国で戦略物資である事情／日本のサツマイモの将来／栄養の探求と加工の発展は日本の業績／日本のサツマイモを面白くする地元民間企業

5　日中韓サツマイモ研究会　227
最前線を行く日中韓サツマイモ研究会／シンポジウムの変遷／会議で披露した「日本の先端的な研究の成果」とは？

おわりに──サツマイモの研究者が思う「理想の日本」　232

サツマイモと私──あとがきにかえて　234
農林省での勉強時代／サツマイモと格闘する／有色サツマイモに活路を見出す／新タイプのいも焼酎を開発する／民間の研究者となった現在は……

主要参考文献　243

インタビュー・構成　南條廣介

第1章　サツマイモの現代史
―― 日本人とサツマイモの関係

　最初に食べたサツマイモは何ですか？　金時、農林1号、それとも戦中戦後のまずいいも……
　いまお気に入りの品種は何ですか？　ほくほくのベニアズマ、ねっとりのべにはるか、はたまた安納芋……
　意識していなくても日本人は実に様々なサツマイモを食べてきました。それはひとつの同時代史をなしています。

第1章　サツマイモの現代史

新たな食文化のはじまり

いざサツマイモの世界を巡る旅へ——。

その前に、簡単な口上を述べておきましょう。

世界のサツマイモを見たとき、現在も主食にしている国というと、伝統的にサツマイモが大好きな国（パプアニューギニアなど）や、貧しいアフリカ諸国（マダガスカルなど）です。でも大部分の国では、日本と同様にサツマイモをデザート感覚で消費しています。また、アメリカやヨーロッパの国々、そして台湾などアジアの国では、サツマイモを健康機能性食品として国民の間に普及させようとしています。

20年ほど前は、まだサツマイモを主食あるいは準主食としている国が多かったため、サツマイモの生産性（つまり増収）こそが世界の主な関心事でした。しかしその後、人々の生活が豊かになっていく中で、食に対する関心のあり方も自ずと変わってきました。平和な国ならどこでも食糧事情は本当に改善されてきたという感があります。貧しいがために、飢餓のためにサツマイモを主食とせざるを得ないような時代はもう来ないでほしいと私は切に願っています。

さて、サツマイモは1万年くらい前には中南米で食べられていたとされていますが、日本に入ってきたのは約400年前ですから、お米と比べるとかなり新参の農産物です。

でも、雨や風に負けず、暑さや日照りにも負けない、肥料も多くを必要としない、どこでも誰でも楽に作ることができるという優れた特性を持っていたため、まず米が取れない薩摩の国（鹿児島県）で主食として栽培されてきました。そして飢饉に際しても薩摩の国では餓死者を出さなかった

ことを知った第8代将軍徳川吉宗は薩摩藩から種いもを取り寄せ、青木昆陽に命じて関東一円での栽培を奨励したといわれています。以後、関東以北でも餓死者が著しく減ったということです。また、甘いものが少なかった江戸時代にあっては、サツマイモが重要なスイーツの一つであったことが浮世絵に描かれた焼きいも屋の様子からうかがわれます。

　近年では、太平洋戦争末期から戦後にかけて、サツマイモはその能力をいかんなく発揮し、多くの日本人を飢餓から救いました。このことは、戦中戦後に生きたシニア世代には強く記憶に残っていると思います。同時に、お米がないから仕方なくサツマイモを食べたという悲しい体験は「サツマイモといえば飢餓の食べ物」という負の連想を日本人に深く刻みつけることになりました。

　時は下って、いまサツマイモはルネッサンスといってもいいほどの転換期を迎えています。ほくほく系（粉質）のサツマイモを尊重したひと昔前とは違って、ねっとり系（粘質）のものが主流になり、こうした"おいも"を好きな女子が増えてきました。最近では、サツマイモと無縁に思われていた北海道でもサツマイモ栽培が可能となって、焼きいもはもとより、いも焼酎さえも製造されるブームが起きていますね。また、日本人の先進的な研究のおかげで、紫やオレンジ系など有色系のサツマイモ、あるいはサツマイモの葉に含まれる栄養や機能性成分について世界中が注目するようになりました。一方、目を海外に転ずれば、中国はサツマイモをバイオ燃料にすべく戦略物資として扱っているし、アメリカのオレンジ系サツマイモは日本の全生産量を抜きました。サツマイモの世界はダイナミックに変貌を遂げつつあるのです。

　それではまず、サツマイモが持つ「食文化」について、日本人とサツマイモの同時代史から入っていきましょう。

第1章　サツマイモの現代史

1　戦中戦後のサツマイモ

　いまの日本人がサツマイモを想うとき、一番古い記憶は戦中戦後の食糧難の時代、米の代用食として食べさせられた水っぽい大きないもでしょう。とにかくまずかった。あれは**沖縄100号**という品種で、まずはこの話から始めましょう。

「沖縄100号」の記憶

　沖縄100号は1934（昭和9）年に沖縄で開発された多収品種です。水ぶくれした大きないもで、食糧事情の悪い戦中から戦後にかけて全国で普及しました。このいもを**農林1号**だと思っている方がいますが、それは誤解で、農林1号はおいしいいもです。

　現代ならば、肥料や農薬、それにマルチ資材なども十分に手に入るので、多収といえば10aあたり4〜5tが相場になります。でも戦中戦後のように資材が不足していた時代では、2〜3tも取れれば大変な多収品種であったと思います。

　沖縄100号はでんぷんも少なく、ひどくまずかったけど、収量が高いため戦中戦後の一時期、1943（昭和18）年から1947年くらいまで、つまり食糧難のときはよく作られました。国が食糧確保に増産を奨励、いや強制したのでしょう。最大面積のときは1946年で8万1000ha、サツマイモが全畑作面積の約20%を占めました。

　反面、この沖縄100号がなかったら、日本人の餓死者は相当な数にのぼっていたはずです。その点は力説しておきたいですね。もっとも各地の農家では、こっそりと自分用においしいサツマイモ品種を作っていたとは

思いますが。

　沖縄100号は食糧事情が好転するにつれて敬遠され、その後に開発された**農林1号**や**農林2号**と交代していきます。沖縄100号は多収が長所といっても、水分が多くて甘みが少ないので、結局、直接の後継品種は途絶えました。あとを継いだ形になるのは、**高系14号**（ブランド名：鳴門金時など）でしょうか。戦時中の1945（昭和20）年に高知県の農業試験場が開発した品種です。当時は収量が第一目標だったため、このおいしい新品種の普及ができなかったのです。

　農林1号は1942（昭和17）年に千葉県で開発された東日本向け、青果用中心の品種でとてもおいしく、特に焼きいもとして長い間ブランド品でした。また、同じ年に鹿児島県で開発された農林2号は西日本向けとして大変に優れた品種です。でんぷん用、青果用などいろいろなところで活用されました。

沖縄100号と中国

　サツマイモは明の時代に中国に入ったとされていますが、太平洋戦争中には特に盛んに栽培されました。日本で育成された多収品種「沖縄100号」が日本の軍属や軍隊によって持ち込まれたためでしょう。やがて中国人の手でも栽培され、各地に広まっていきました。日本との戦争が終わった後も、中国では共産党と国民党の内戦に次ぐ内戦で、食糧事情も悪かったと思います。戦後は「勝利100号」（日本に勝利したことに由来）と命名され、相当な面積で長い間栽培されました。この品種なしには中国でも戦後に多くの餓死者が出たであろうといわれています。

　また、その後は中国での品種改良にも交配親として大いに役に立ったのではないでしょうか。沖縄100号の中国名「勝利100号」を言えば、戦争世代で知らない中国人はいないでしょう。

第1章　サツマイモの現代史

　沖縄100号があまりに不人気なので、農林1号と農林2号は東西で競うようにして開発されました。やがて米の復活など食糧増産が進展するに伴い、サツマイモは主食からでんぷん工業用へ、また主食以外の青果用や食品加工用（いも焼酎を含む）へと品種開発の目標も変化していきます。

サツマイモの2つの流れ

　『焼きいも事典』（一般財団法人いも類振興会 編集・発行）によると、日本のサツマイモはほくほく系とねっとり系に分かれます。**高系14号**あたりが中間種になっていますが、あえて二分してもかまいません（その場合、高系14号はほくほく系に入ります）。この両者の流れがこの本では柱の一つになっています。

　サツマイモは昔から栗と比較され、「栗よりうまい十三里」などといわれてきました。そのため明治時代に埼玉県浦和の農家によって見つけられたほくほく（粉質）系の**紅赤**（金時とも呼ばれる）のようないもがずっと珍重されてきました。そこへ戦中戦後、べちゃべちゃしておいしくない**沖縄**

> **伝統ある紅赤（金時）**
> 　「川越いもはおいしい」という評判を作り上げた品種で、「栗よりうまい十三里」といわれたのはこれです。でも今日ではさほどおいしいとは思いません。また、畑が肥えているとツルばかりが茂っていもが付かない「ツルボケ」になるし、収量は少ないし、病気にも弱い品種だったので栽培農家は苦労したと思います。
> 　昔の品種でも「七福」（アメリカイモとも呼ばれる）のようにねっとりとして、甘い品種もありました。でも「沖縄100号」以降に開発された青果用の品種は「高系14号」や「ベニアズマ」のようなほくほく系が多く、九州ではでんぷんを多く含む「コガネセンガン」もおいしいといわれています。

100号が広まったことから"ねっとり（粘質）系はまずい"というイメージが定着してしまったのでしょう。

　ねっとり系とほくほく系がどこで決まるかというと、いくつかの要素があります。中くらいのでんぷん含有量だと、ねっとり系になるでしょうか。例えばべにはるかだと中くらいのでんぷん含有量があってねっとり系です。
　ねっとり系の特性は、まずはでんぷん含有量が極端に高くないこと。でんぷんが熱で溶けてドロドロになりやすいこと。ドロドロに糊化したでんぷんを糖に分解する酵素「βアミラーゼ」の活性が強いことなどです。こうした要素が組み合わさった結果、ねっとりして甘くなります。もしβアミラーゼが存在しなかったり、存在していたとしてもその活性があまり強くない場合、低でんぷん品種でもほくほくというか、ぼそぼそして甘くないいもになります。
　ねっとり系の代表品種であるべにはるかはβアミラーゼ活性が高くて、とても甘くなります。一方、ほくほく系の代表選手ベニアズマのβアミラーゼ活性は、べにはるかより低い値になります。また最近では、低温で貯蔵することでいもの熟成を促し、さらに早く甘くすることも行われているようです。
　ちなみに、焼酎に使ういもはでんぷんが高い品種で、ほくほく系が多いですね。でんぷんがアルコールに変わるわけですから、でんぷんが多くないとアルコールへの変換効率が悪くなり、経営的にうまくいきません。でんぷん含有量が高いほくほく系の場合、焼酎用の品種が多いです。最近、でんぷんがとても高い品種としては**ダイチノユメ**や**コナホマレ**が開発されました。**コガネセンガン**より収量も多くて、しかもでんぷん含有量が多い高でんぷん品種たちです。

第1章　サツマイモの現代史

図1　ほくほく〜ねっとり／でんぷんの多い〜少ないのチャート（筆者作成）

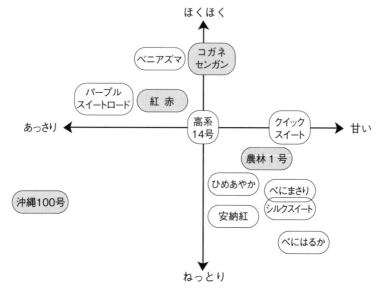

※産地や貯蔵条件および調理条件によって変動します。

2 サツマイモの私的同時代史

それでは戦後70年、日本のサツマイモの流れを私自身の仕事とも絡めながら見ていきましょう。

黄金期の昭和30年代

サツマイモは戦中・戦後の食糧難時代、米に代わる主食としてたくさん栽培され、**昭和20（1945）年頃、栽培面積は約40万ha**もありましたが、肥料も労力も足りず、適地ではない所にも植えたことがたたって、1haあたりの収量は10t（10aあたり1t）にも届かなかったようです。だからトータルの生産量は390万tくらいでした。

昭和30年代前半はサツマイモの栽培面積が35万ha前後あって、生産量は600万tを超えて最大だったと思います。この時期には鹿児島の栽培面積だけでも10万haを超えていたのではないでしょうか。生産地も九州や関東だけでなく、中国・四国や東海、北陸、東北など北海道を除く全国に及んでいました。

サツマイモの最高生産量となると、昭和30年の700万t強でしょう。しかし米の生産が回復するにつれ、サツマイモの消費は減少。いまでは面積がその10分の1ほどで4万haを割り込むようになったまま、じり貧状態にあります。でも収量性が2.5倍と高いので、生産量は100万t弱くらいで収まっています。

結局、米の生産量が増えるのにつれ、主食代用としてのサツマイモは"御用済み"となっていきました。

第1章　サツマイモの現代史

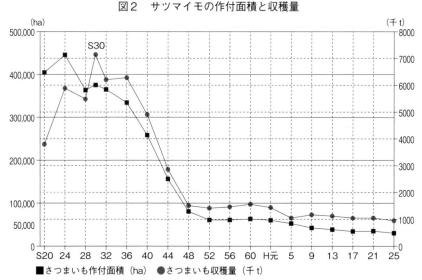

図2　サツマイモの作付面積と収穫量

出典：資料「さつまいもの統計データ "1 日本におけるさつまいも生産の推移"」（農林水産省統計部「作物統計」）をもとに作成。

苦戦の昭和40・50年代

　米の生産が回復するにつれて、サツマイモの消費は減少していきます。サツマイモの個人消費量という点では、飢餓状態のときには1人あたり1年に数十キロも消費していましたが、現在は5kgを切っているのではないでしょうか。

　その米も昭和40年代に入ると生産過剰の傾向が明らかとなります。やがて農政は**「選択的拡大」**というかけ声のもと、畜産や園芸など欧米風の食生活を目指した総合農政へと政策を転換していきます。

　一方、サツマイモの過剰生産を回避する目的で、でんぷん原料用品種の開発が進められ、九州や関東の主要生産地では多くのでんぷん工場が建

設されます。しかし、昭和40年代になってトウモロコシの輸入自由化が始まる中で、でんぷんやアルコールの原料が安価なトウモロコシでんぷん（コーンスターチ）に置き換わり、価格の高いサツマイモでんぷんは産業界から敬遠されることになります。鹿児島を除き、九州でも関東でもでんぷん工場は次々と閉鎖されました。特にでんぷん原料としての利用が多かった九州で、サツマイモの生産は激減していきます。

　サツマイモでんぷんは、最初は春雨や菓子類など食品としての利用が多かったのです。北海道にあるジャガイモでんぷん工場に比べると、サツマイモでんぷんの工場はそんなにお金をかけずに造られ設備も昔のままでした。そのためサツマイモでんぷんは色が黒いとか、腐ったようなにおいがすると言われ、評判が悪くなりました。やがてサツマイモでんぷんは脇に追いやられ、せいぜい工業用の糊を作る原料にしか使われなくなりました。身近な用途では、壁紙や障子貼りの糊、紙の表面のコーティング剤などです。

　もちろん真っ白で質の良いサツマイモでんぷんは春雨になっています。また、最近開発された**コナミズキ**という品種のでんぷんは、従来よりも低

選択的拡大とは何か？

　要点はこうです。日本は敗戦から復活して豊かになってきたから、米、野菜、魚などの日本食中心ではなくて、洋食化を進めなくてはと政府は思ったのです。欧米のようにもっと肉やパンを食べよう、牛乳を飲もう、もっと野菜や果物を生産して食卓を豊かにしようというキャンペーンを張った。いろいろなものが食べられるようになったことは、あながちまちがいだったとは思いません。"日本人は米ばかり食べるから頭が悪いのだ"とか"体が小さいのだ"といった陰口も昔からあったこともこの施策を後押しした一因でしょう。

い 20℃くらいの温度で糊状になり、冷えても硬くなりにくいという特性があります。食品製造の際、この品種のでんぷんを使用すると、保水性とやわらかさを長く保つことができるので、和・洋菓子やパン、麺、練り製品などに活用が期待されています。

　関東では、青果用や加工用で市場に出せないようなサツマイモをでんぷん原料としていましたが、昭和40年代になって千葉を最後にでんぷん工場がなくなります。九州でも、昭和50年代に入ると熊本や宮崎のでんぷん工場、また熊本のアルコール工場が次々と閉鎖されました。最後の砦である鹿児島でもでんぷん工場の集約化が進められ、いまでは数えるほどしか残っていません。

サツマイモの地位

　ここでちょっと私的な回想を挿入します。私が霞が関の農水省にいた昭和57（1982）年頃、生産局の中には畑作振興課という大変に大きな課がありました。記憶では、麦類以外の大豆やお茶を含む雑多な畑作物は全部この畑作振興課で取り扱われていました。はとむぎや菜種を担当している人もいました。

　その中の「いも類班」は班長（課長補佐）含め3名で、サツマイモとジャガイモの担当者（係長）が1名ずついました。しかし畑作振興課は次第に縮減し、とうといも類班もいまではなくなってしまったようです。すでに4万haまで減少したサツマイモは、国の農業政策の中では重きを置かれていないのでしょう。

　しかし農業生産額の順位でみると、サツマイモの生産額は麦や大豆を抑え、普通作物では「米に次いで第2位」になっています。これは驚くべき

ことなのですが、消費者の皆さんにはこの事実、ほとんど知られていません。

なぜ生産額が高いのか？　その理由は単位面積あたりの収量が多く、価格が麦や大豆より高いためです。さらに焼酎、食品などの加工品、青果用まで含めると、その農家収入は決して無視できない金額になっていく。そこがサツマイモの面白いところです。

崖っぷちの昭和60年代と私の進路

昭和も末期になると、でんぷん原料が主体であった九州、特に鹿児島のサツマイモはいよいよ崖っぷちに追い込まれます。準主食の座から滑り落ちた青果用についても例外ではなく、苦境に見舞われました。九州農政局もこれまで南九州の畑作を支えてきたサツマイモに代わる新作物の導入を考え始めたものの、気象や土壌条件の厳しい南九州では安定した生産が保証できるような作物などありません。

私は昭和57（1982）年にサツマイモの品種改良の仕事を離れ、霞が関の農水省で研究行政を担当していました。3年半ほどの年季奉公がやっと明けて、私は昭和60（1985）年に"日本のイチゴ研究のメッカ"といわれた

> **サツマイモ研究者の気質**
>
> 　サツマイモはアメリカ以外の先進国では研究が進められていない作物で、ニッチな領域だから、研究者として世界をリードするには面白い分野です。新興国は熱帯圏に多く、サツマイモのような熱帯作物の研究は今後重要性を増すでしょう。東大のように時流に乗って生きていく人は米を、京大のように時流を先取りしていく人はサツマイモを研究する。私の現役時代には、研究者の分布がそのようになっていました。興味深いですね。

第1章　サツマイモの現代史

野菜茶業試験場久留米支場（福岡県久留米市）に異動できました。
　私にとってイチゴは初めての研究対象です。苗を作って植えるということは同じでも、その他の栽培法はまったく異なります。私の異動の少し前にはとよのかという大品種が世に出たばかり。イチゴの研究は思いのほか大変でしたが、平成元（1989）年にひのみね、平成8（1996）年にさちのかという2品種を世に送り出すことができました。さちのかは現在でもスーパーでよく見かけます。

　当時、サツマイモの研究室では「新規用途のための品種の開発や新しいいも焼酎のための品種の開発という新しい展開を図ろう」「サツマイモを維持することなしに南九州の畑作を守ることは困難だ」との認識を持っていました。また青果用においても、従来のほくほく感を求める消費者は減り、甘くねっとりとした食感が求められるような時代になっています。でも、このような研究を進めていくことができる適当な人材がいません。「選択的拡大」がもたらす農業政策大転換の中で、サツマイモや大豆など畑作物の研究者がほとんど採用されてこなかったからです。
　品種開発には「継続」が力です。継続するには「ブリーダー（育種家）」と呼ばれる人材を適切に補充することが重要です。いったん人材が途切れると品種開発の継続は困難となり、再生するには何年もの年月が必要になります。
　私の場合、昭和44（1969）年の新規採用時代からサツマイモの品種改良に関わり、その間に名古屋大学で生化学、アメリカのノースカロライナ大学で遺伝学を学ぶ機会を得てきました。13年のキャリアを持つ私はサツマイモ育種の生え抜きになるわけで、サツマイモの研究室からは早く戻ってほしいと何回も要請がきました。
　私は平成元（1989）年にサツマイモの研究に復帰しました。ここから紫

イモなどの開発や新規特性を有する焼酎原料品種の開発が始まります。さらには消費者に受け入れられる新食感を持つねっとり系の青果用品種が開発されることになり、現在は"サツマイモ新時代"を迎えています。

さらに最近では茎葉利用という、これまでとはまったく異なる視点からサツマイモを活用する機能性を重視した研究開発が進んでいます。これについては、別項（p.52 参照）でお話しします。

平成のサツマイモ栽培

昭和の終わりに安価なトウモロコシでんぷん（コーンスターチ）の輸入自由化があって、サツマイモでんぷんは窮地に陥ります。平成の時代に入ると、追い打ちをかけるように洋酒の関税引き下げや焼酎かすの海洋投棄規制が始まります。九州ではでんぷんと並んでサツマイモの主要用途であった、いも焼酎の将来性にも陰りが見え始めました。

そうした中、九州農政局はでんぷんや焼酎などの原料用サツマイモに見切りをつけ、他の作物に転換する政策を取ろうとしていました。しかし、土壌条件や気候条件が厳しい場所だからこそ 400 年近くサツマイモを栽培してきた歴史があるのです。他に適当な作物などあろうはずがありません。

もしもサツマイモをやめて、数万ヘクタールに及ぶ農地に野菜やお茶などを作ったら、すぐに供給過剰で価格が暴落するはずだと思いました。また野菜はサツマイモとは違って、同じ土地でずっと作り続けることはできません。「連作障害」といって野菜に特有の病気が出てきて、何年間も土地を空けなくてはなりません。やはり九州の畑作には、厳しい条件下でも栽培が継続できるサツマイモが最適であり、これなしに畑作地帯の農業を守ることなどできません。だから「新用途の開発、特に付加価値の高い加工用のサツマイモ開発が必要だ」と私は確信していました。

第1章 サツマイモの現代史

　平成の日本はバブルの真っただ中、値段が高くても質が良い商品なら売れる時代です。さらに食に関心のある消費者は安全で健康に良い食べ物を求め始めていると考えました。私たちの研究グループは、「機能性」をキーワードに、紫やオレンジなど色のついたサツマイモ食品と新製品の開発を目指しました。

　後に、農林水産省ではこの機能性戦略の成功を他の作物にも広げていきます。私たちの開発については第2・3章でお話をします。

3 日本の代表的な品種と産地

　概論のあとは、戦後日本のサツマイモたちをより具体的に見ていきましょう。

　日本のサツマイモは、食味の面でほくほく系・ねっとり系の2つの流れがあると言いましたが、さらに外見面では関東・九州という2つの流れがあるのです。

関東と九州で異なるトレンド

　日本のサツマイモは東西で二分されます。関西までの西日本では**高系14号**のようなずんぐりしたイモ（紡錘形（ぼうすい））を好みます。名古屋から東の東日本の人たちは**ベニアズマ**や**紅赤**（金時の名称でもおなじみ）のような長くて細いイモ（つまり、長紡錘形）を好みます。

　子ども時代にサツマイモを食べたとき、私は関東に近い静岡県育ちですから、長細いサツマイモをつかんで端から、あるいは真ん中で横に二つに折って食べました。ところが九州は食べ方が違います。縦に割って食べます。太くて丸いから割らないと食べにくいのです。ふかしいもを作るときも、九州は割ってからふかすことが多かったと思います。そうしないと出来上がるまでに時間がかかります。でも関東のいもは細長いので、まるのままでふかします。

　関東と九州とでは、用途によるいもの違いも大きいですね。九州の場合、でんぷんやいも焼酎の原料としての用途が重要ですから、実需者からは丸いいもが好まれます。細長いいもだと収穫するときや洗うときに折れやすく、そこから腐りやすいので、サツマイモは丸い形でした。

また、お菓子の「いもけんぴ」は四国や九州で多く作られてきましたが、細長い品種ではいもけんぴが作りにくいですね。細長いいもと丸いいもでは自ずと加工や調理法も違っていたのでしょう。

味については、全国的にほくほくした粉質がいいとされていました。でも、ほくほくは実はさほど甘くありません。でんぷんが分解されないまま残っているので胸やけしますし、のどにも詰まるため、飲みこむ力が弱いお年寄りや幼児には不向きでした。

関東と九州の二極化でお話ししましたが、一時期、広島県福山市にある国立の農業試験場（中国農業試験場）でもサツマイモの育種をやっていました。しかし、中国四国地域ではサツマイモの耕作面積がかなり少なくなってしまったので、1976（昭和51）年には育種をやめました。四国の鳴門や讃岐地方では、1945（昭和20）年に高知県で開発した高系14号が「鳴門金時」「讃岐金時」など有名ブランドとして現在でも残っています。瀬戸内海沿いは砂地でやせていて、雨が少ないのでおいしいサツマイモができたのです。

古今のスター品種、知られざる重要品種

皆さんがよく知っている青果用品種を挙げると、食用では西の**高系14号**、東の**農林1号**（1942年育成）、その後は**ベニアズマ**（1984年育成）が有名です。

高系14号の場合、地域によって呼び名が変化するので注意が必要です。例えば、「土佐紅」「紅薩摩」「宮崎紅」などの異なった名前です。県の研究機関が各地の高系14号を集めて比較し、自分のところに適したものを選び直したことから品種が分化していったのですが、遺伝的にはほとんど

同一です。他にも、「鳴門金時」や「五郎島金時」など、生産地が商品名として付けられた産地銘柄もあります。

「誇らしい日本のサツマイモができた！」。最初にそう評された品種は、何といっても 1966 年に開発された**コガネセンガン**でしょう。

コガネセンガンはアメリカから導入した高でんぷん品種 L-4-5 と国内遺伝資源を集積した系統の**鹿系 7-120** とを交配した結果生まれた、でんぷん原料用の品種でしたが、そのまま食べても加工してもおいしいという優れものです。いまでも九州の主力品種となっていて、いも焼酎の大部分がこのコガネセンガンから作られています。

コガネセンガンのように収量が多く、食べておいしい品種は青果用やかりんとう原料としても使われています。皮の色が白いのでマーケットの価値は低いのですが、農家の人たちは大変おいしいと言って、自分たちで食べていました。

一般消費者にあまり知られない重要品種という意味では、かつてでんぷん原料用や焼酎用に重用された**農林 2 号**（1942 年育成）があるし、干しいも用には**泉 13 号**（1930 年代に個人が育成）や**タマユタカ**（1952 年育成）な

> **農林 1 号と 2 号を比べると**
>
> いもの形は、両者ともに下膨紡錘（基本は紡錘形で下が膨れた形）ですが、皮色は農林 1 号が赤で、農林 2 号は赤を帯びた白と異なります。いもの内部の色（肉色）も農林 1 号が黄色で、農林 2 号が黄を帯びた白と異なります。でんぷん含量は同程度ですが、焼きいもにすると農林 1 号はねっとりと甘く、市場では高評価でした。農林 2 号はほくほくしてあまり甘くありません。そのため青果用として店頭に出回ることはなかったのだと思います。

第1章　サツマイモの現代史

どがあり、用途別にいろいろな品種が作られています。

　私見では、九州と関東以南の地域は気候条件や土壌条件がそれほど差がないので、青果用としては同じ品種を栽培できると思います。現在、育成地を2つ維持することは大変ですが、九州では焼酎用、関東では干しいも用などという具合に利用方法がある程度違うという理由から維持されているのでしょう。例えば、関東で開発された農林1号は焼きいも用として熊本や長崎でもたくさん作られましたし、ベニアズマは九州でも作られています。

　最近では、種子島の**安納芋**や九州のべにはるか（2007年育成）などが関東でもたくさん作られています。特にここ数年、べにはるかの栽培が急速に増えています。先に育成されたべにまさり（2001年育成）に比べ、より粘質で甘くなっています。また、苗も増殖しやすいし、色や形も良く、収量性も高いので農家は大変喜んでいます。べにまさりは栽培がけっこう難しい面がありました。

「農林番号」とは

　正しくは農林登録番号。これは国（現在は農研機構）で育成した品種にしか付きません。申請登録時に自動的に決まる連続番号です。
　種苗登録に使われる源氏名は研究室が品種の特性を具体的に表すようにして決めます。なお、ほとんどの産地では品種名をそのまま商品名として使っていますが、県や産地が付けているブランド名には気をつけてください。同じ高系14号を、徳島では「鳴門金時」、石川では「五郎島金時」、熊本では「掘り出しくん」などと命名。産地ブランド名は各産地が商品名として自由に決めています。さらに、高知県の「土佐紅」、鹿児島県の「紅薩摩」、宮崎県の「宮崎紅」のように、県が統一ブランド名を付けている場合もあります。高系14号の場合は、各県や地域で再選抜を行ったために新しいブランド名を付けたのでしょう。最近、茨城ではべにはるかを「紅優甘」「紅天使」という名で販売しています。

サツマイモの品種名は冒頭からいろいろ出てきていますが、まだ登場していない品種もあるので代表的なものをおさらいしておきましょう。

源氏(げんじ)（1895［明治28］年／オーストラリアから導入）：広島の人がオーストラリアから持ってきました。現在は生のいもを国内に持ち込むことは植物防疫上禁止されていますが、昔はおおらかでした。全国に広まっていきましたが、「三徳いも」「げんち」「元気」「便利」などいろいろな名前で呼ばれました。また、苗が広がるにつれていろいろな突然変異が発生し、ツルの短い「蔓なし源氏」、いもの色が白い「白便利」などの新しい品種を生み出しました。サツマイモは長く作っているとツルやいもの色形が変化しやすい（芽条(がじょう)変異という）作物です。源氏はツルボケしやすく、病気にも弱いので作りにくい品種ですが、食味が良いので消費者には喜ばれたようです。

花魁(おいらん)（来歴不明）：明治初期に九州から関東地域まで広がりました。いもの内部は白ですが、中心部は薄紫色をしています。当時としては珍しい品種です。甘くてやわらかいので、いまでもその味を懐かしがっている人もいます。沖縄の人は特に紫色のサツマイモが好きですね。いまでも宮農(みやのう)36号や備瀬(びせ)といった内部が紫色のサツマイモがたくさん作られています。私が育種を始めた頃、「沖縄では紫の品種でないと普及しない」と言われました。でも、内地では中が黄色の品種が好まれていて、紫イモは見栄えがしないからダメとされ、捨てられていました。**ナカムラサキ**（1952年育成）という中が紫色の品種も作られましたが、あまり普及しませんでした。

紫色の品種はエクアドルのアマゾン地帯やハワイ諸島、東南アジアでも作られています。やわらかくておいしいので、とても大切にされています。

太白(たいはく)（来歴不明）：明治の末期、九州から埼玉に入ったいもです。埼玉県の試験場では、一般の太白から「太白埼1号」を選び直し、やがて東北ま

で広がりました。早生で寒さにも比較的強かったと思われます。一部では「吉田」と呼ばれることも。いもの皮色は明るい紅色をしていてきれいで、内部は白色でやわらかく甘い。おいしいというので、埼玉県では最近まで作られていたようです。

紅赤（べにあか）（1898［明治31］年／八房から選抜）：埼玉県の農家が八房の畑から偶然見つけだした突然変異体で、「金時」とも呼ばれました。西の源氏に対し、東の紅赤として関東で広く栽培され、川越いもの代表選手となりました。ツルボケしやすくて作りにくい難点はありますが、餡の色がきれいなので現在でも菓子用の川越いもとして生き残っています。

七福（しちふく）（1900［明治33］年／アメリカから導入）：広島県の農家がアメリカから持ち帰り、西日本で広がったいもです。「アメリカイモ」とも呼ばれ、白皮でねっとりとして甘い。新品種の開発には交配親として最も活用された品種です。小笠原諸島では、いまでも地域ブランド品として栽培されています。

沖縄100号（1934年育成／沖縄）：この章の冒頭で言及しましたが、少しおさらいしておきましょう。これは、いもが早く大きくなる早生タイプで、収量が多いため第2次大戦前後の食糧事情が悪い時期に多く栽培されました。戦時中には軍隊関係者によって中国大陸に運ばれ、戦後は「勝利100号」の名で中国でも広く栽培されました。ツルボケすることがなく、多収で作りやすいのですが、いもは水っぽくてまずい。戦中世代に"いもぎらい"を生む原因となりました。しかし、日本や中国の食糧危機を救った偉大な品種だと思います。

農林1号（1942年育成／関東）：私が農林省に入った時には「焼きいもの決定版」といわれていました。ふかしいもの場合は粉質系の味ですが、焼きいもにすると中が明るい黄色で、ねっとりとしていて本当に甘い品種でした。九州では、天草や島原が農林1号の産地でした。でも肥沃な土地で

の栽培は紅赤（金時）と同様、作りにくい品種でした。

農林2号（1942年育成／九州）：でんぷんやアルコール原料用として広く栽培され、農家の懐を潤しました。データでは食味が良いといわれていますが、私自身は農林1号のほうがはるかにおいしいと思います。そしてコガネセンガンが出てからは、収量性やでんぷん含量の点で大きく劣っていたので、その座を奪われる形で消えていきました。

高系14号（こうけい）（1945年育成／高知）：ナンシーホールとシャムを親として戦後すぐに作られた食味の良い品種ですが、収量性が沖縄100号より劣るということで普及が許されなかった品種です。紅赤と同じ運命ですね。しかし食糧事情が好転するにつれて、食味の良さを求める消費者に支持され、栄誉ある西日本の主要品種となりました。加工適性や貯蔵性にも優れた良い品種で、現在でも西日本の主力品種です。特に海岸の砂地では「鳴門金時」「五郎島金時」などブランド品種として栽培されています。でも私は紅赤と同様に食味、特に甘みがいまひとつだと思います。現在は、「ねっとり甘い」というのがキーワードなので、すでに過ぎ去った青果用品種でしょう。

コガネセンガン（1966年育成／九州）：外国品種と国内品種の遺伝資源を組み合わせた初めての品種で、高でんぷん多収という、とても優れた特性を持っています。また食味も良く、ほくほく感が強いです。かりんとうなどお菓子加工にも適します。現在でも九州では栽培面積がトップで、いも焼酎の大部分はこの品種で作られています。私が赴任する3年前に出た品種で、育種学会賞を受賞するほどの大物ですから、しばらくは新品種を開発するのは困難だと言われました。なにしろオールマイティーで、干しいも以外ならどんな用途にも使えます。私は赴任時に、「大変な時期に育種を始めたものだ」と後悔しました。

ベニアズマ（1984年育成／関東）：コガネセンガンを親として育成された

東日本向けのほくほく系品種の代表です。**農林1号**や**紅赤**に代わって普及し、青果用では現在全国1位の栽培面積となっています。いもが長くて大きくなり、多収ですが、**高系14号**と比べるといもの揃いや形が良くない。ベニアズマのいもは硬いので、私はこの食感を好みませんが、いまでも高齢者にはこのほくほく感を好む人が多いようです。翌春まで貯蔵すればやわらかくなりますが、貯蔵性が弱いので腐ることが心配です。

　消費者の嗜好がほくほくした硬い感じのサツマイモ（冷えると硬くなり、再加熱してもやわらかくならない）から、ねっとりとして甘みの強い食感を求める方向へ変化していることを見越して、1992年に**べにまさり**、1996年に**べにはるか**を開発しました。特にべにはるかは、収穫当初からやわらかくおいしいこと、いもの形が良いことで、現在は日本の東西で急速に栽培面積を延ばしています。若い人たちがすでに高系14号やベニアズマから離れていっていることもあり、青果用サツマイモがべにまさりやべにはるかになる日も近いでしょう。

　最近では、いもが小さくて揃いがよい（言い換えれば、いもが大きくならない）食べきりサイズの**ひめあやか**（2009年育成）、蒸したあとの**黒変**[*]が少なく糖度が高い**あいこまち**（2012年育成）、いもの肥大が速く多収な**からゆたか**（2014年育成）など個性あふれる品種が作られています。

　有色サツマイモ：私が子どもの頃、田舎に行くとおやつに必ずサツマイモのふかしたものが出ました。その中にオレンジ色で、ねっとりとして、大変に甘い**人参いも**（隼人いもとも呼ばれ来歴不明、大正時代から鹿児島を中心に作られていた。アメリカ品種**ポートリコ**と同一と思われる）があり、**紅赤**よりこちらを好んで食べていました。いもの形は細長くて、収量は少なかったと思います。

　いま欧米では、カロテン含量が高いオレンジ系のサツマイモが人気です。

　　　　[*]黒変…ふかしたあとに肉色が茶色や黒に変わる現象はポリフェノールの酸化によるもので、ポリフェノールが多い品種や鉄分が多い畑で収穫した場合に生じやすいといわれています。見た目は悪くなりますが、味は変わりません。

サニーレッド（1988年育成／九州）や**アヤコマチ**（2003年育成／九州）のように色や形がきれいで、おいしくて、栄養価値の高い品種がすでに開発されているのに、日本でこのタイプの品種の評価が低いのは理解に苦しみます。

　また、紫系では**宮農36号**（1947年育成／沖縄）や**備瀬**という大変においしい品種が沖縄で栽培されています。1995年に開発された**アヤムラサキ**は色素抽出原料やジュース原料として利用されたので、おいしくはありません。そのためなんとか改良しておいしい紫品種をということで**ムラサキマサリ**（2001年育成／九州）や**アケムラサキ**（2005年育成／九州）を育成しました。両品種ともまだそれほど普及していませんが、健康や機能性の面から見て、もっと普及すべきだと考えています。ムラサキマサリについては、霧島酒造（宮崎県都城市の焼酎メーカー）から「赤霧島」という銘柄が開発され、赤ワイン風味のいも焼酎として都会では大いに売れています（p.168〜169参照）。青果用の紫系品種としては紫色が薄めの**パープルスイートロード**（2002年育成／関東）が関東地域を中心に作られています。

でんぷん原料用品種：1985年に**コガネセンガン**より多収な**シロユタカ**が育成され、さらに2000年にはでんぷん生産量の多い**コナホマレ**、2003年にはでんぷん生産量のみならず貯蔵性にも優れた**ダイチノユメ**が育成され、普及しています。

　さらにサツマイモでんぷんの用途拡大のため、2010年に開発された低糊化温度特性を持つ（通常のサツマイモのでんぷんは75℃以上の高温で糊となるが、低糊化型のでんぷんではこれより20℃以上低い温度でも糊になる）**コナミズキ**はわらび（蕨）でんぷんと同様、高級でんぷんとしての用途が期待できます。

焼酎原料用品種：現在でも**コガネセンガン**が主原料として利用されてい

ますが、より飲みやすく口当たりの良い都会向けの焼酎を作るため、1994年にジョイホワイトが開発されました。またこれまでにない新タイプの焼酎を開発するため、紫サツマイモやオレンジサツマイモの選抜が進められ、2001年には**ムラサキマサリ**（紫系統）が、2011年には**タマアカネ**（オレンジ系統）が開発されました。ムラサキマサリから作った焼酎は赤ワイン風味を、タマアカネから作った焼酎はかんきつやマンゴー風味を持ち、従来の焼酎とはまったく異なる香味を帯びています。

加工用品種：干しいも用として1960年に極多収の**タマユタカ**が育成され、現在の主力品種となっていますが、タマユタカは干しいもの色が褐色となって見栄えが悪い上に、でんぷんの糖化が進まないときには白色のでんぷんが残る（シロタと呼ばれる）などの欠点を持っていることから、最近ではより糖化が速く、干しいもが鮮やかな黄色になる**べにはるか**に注目が集まってきています。また茨城の一部地域では2001年に育成した**タマオトメ**を干しいもとして、静岡の御前崎では2003年に育成したオレンジ系の**ハマコマチ**を干しいもやいも焼酎の原料として利用しています。

サツマイモのブランド化

1985（昭和60）年の10月から、私は久留米でイチゴの品種開発を担当することになりました（結局4年間続きます）。当時からイチゴはどの店でも品種名、さらに産地名まで付けて売られていました。いわゆるブランド化が進んでいました。

一方、サツマイモでは、鳴門金時や五郎島金時などごく一部の産地以外のものは、すべてサツマイモ（九州ではカライモ）という作物でしか流通していません。サツマイモの研究に戻った時、サツマイモも品種名を付けて

ブランド化ができないものかと思っていました。

　ブランド化とは、商品の素性を明らかにし、消費者の商品選択の権利を担保することに通じます。ブランド化することで栽培条件や品質について産地が責任をもって保証するべきです。

　サツマイモでも**安納芋**がおいしいとなると、誰でも安納芋を求めるため、いろんな地域で安納芋を作り始めました。でも種子島の気候風土で作らなければ本当においしくはなりません。また、収穫したばかりのものを食べてもおいしくはありません。生きものですから栽培条件や貯蔵条件が合わなければ同じ品種でも同じ味にはならないのです。品質を保つための栽培条件や貯蔵環境を明らかにし、それを保証することがブランド作りの基本です。私は 2007（平成 19）年頃からずっと熊本県合志市のブランド作りを手伝っています。関心のある方は合志市のホームページをご覧になってください。

主要産地のバックグラウンド

　それでは現在、各産地でどんなサツマイモが植えられているのか、収穫量トップ 5（2013 年）の県の代表品種と土壌・気候の関係を見ていきましょう。

新品種のネーミング

　サツマイモの名前は開発した人たちが、その品種の個性がよくわかるようにと考えて付けます。昔は○○ユタカや××マサリのような古めかしい名前が多かったのですが、いまはジョイホワイトやサニーレッドのような横文字や、すいおう、アヤコマチのようなオシャレな名前が多くなりました。

第1章 サツマイモの現代史

　鹿児島県（37万4000t）：姶良(あいら)火山からの火砕流でできたシラス台地でサツマイモが作られています。シラスは酸性で、有機物が少なく、やせていてサツマイモしかできません。気象は温暖で雨が多い。しかし干ばつも少なからず起こり、作物にとっては厳しい環境。**コガネセンガン、シロユタカ、ダイチノユメ**など高でんぷん品種が多い。青果用は**紅サツマ**（高系14号の分離品種）。その他、**隼人いも、ベニハヤト、ベルベット、アヤムラサキ**などの希少品種もまだ残っています。また、亜熱帯に近い種子島では、**種子島紫**や**安納芋**など独自の品種を作っています。

　茨城県（18万500t）・**千葉県**（11万100t）：火山灰が堆積した関東ローム層ですが、九州の火山灰と比べて粘土質が多く、酸性土壌が中心。粘土質が少ないさらさらした土壌の所で品質の良いサツマイモが取れます。これまでは**ベニアズマ**がほとんどでしたが、最近では粘質系の**べにはるか**が増えてきました。千葉では**紅赤**や**ベニコマチ**などの希少品種を作っているところもあります。

　宮崎県（9万3900t）：シラスや火山灰からできたクロボク土壌に加え、ボラとかコラとかいわれる軽石が風化したような土壌が下層部に堆積し、やせてはいますが、水はけの良い所が多く、サツマイモの栽培には適しています。海岸部は温暖ですが、山沿いはかなり涼しい。青果用の**宮崎紅**（高系14号の分離品種）が主であり、串間が産地として有名です。都城付近ではいも焼酎用の**コガネセンガン**や**ムラサキマサリ**なども栽培されています。

　徳島県（2万7800t）：鳴門のような海岸地帯の砂地で高品質なサツマイモ**鳴門金時**（高系14号の商品名）が栽培されています。瀬戸内地域なので、温暖で雨が少ないことも青果用のサツマイモには適しています。排水の良い土壌を維持するために時々、川砂を客土する必要があります。でもこれは大変な作業です。

熊本県（2万5400t）：阿蘇火山から出た溶岩が風化したクロボク土壌が多い。酸性ですが有機物が多く、かなり肥沃です。サツマイモには黒土より赤土が良いといわれ、山土を客土しているところもあります。高系14号を使った大津町の掘り出しくんが有名です。最近ではべにはるかが増えています。

　このように、サツマイモは水さえたまらない土地ならばどこでも作れますが、日本で最も適しているのは九州や関東に広がる火山灰土壌です。酸性でやせていて、ミネラルの多い土地がサツマイモは好きなのです。
　シラスといえば鹿児島が有名ですが、宮崎のボラ、熊本のクロボクのような火山灰土壌もサツマイモ栽培の盛んな土地です。関東では、同じく火山からの堆積物である黄色味を帯びた関東ロームがサツマイモ栽培に向いています。
　また、水はけの良い砂地では「鳴門金時」や「五郎島金時」などの有名ブランド、収量は低いけれどおいしいサツマイモが取れます。

第1章　サツマイモの現代史

4　サツマイモをめぐる現代

代表的な品種と生産地をほぼ網羅したことろで、今日のサツマイモの傾向について少し語っていきましょう。

嗜好の変化

太白や七福のような昔の品種は比較的やわらかでしたが、でんぷん含量がそれほど高くなかったので現在の品種ほどは甘くなかったと思います。明治になり、紅赤が開発されて、ほくほく感が前面に出てきました。

そしてベニアズマ（1981年育成）の出現でほくほく感が最終局面を迎えました。初めの頃は家庭で調理して、あったかいうちに食べるので問題はなかったのですが、最近のように外で焼きいもを買ってきて、食べきれない分を冷蔵庫に入れて保存し、冷えたものを電子レンジで再加熱して食べるようになると硬くなって最悪です。それに超高齢社会になって増えたシニア層は嚥下力が低下し、ほくほく系サツマイモは喉に詰まるから水なしで食べることができません。あのほくほく感は未分解のでんぷんによるもので、胸やけやおなかの張り（ガス）の原因にもなり、体に負担がかかります。海外で注目されているような赤ちゃんの離乳食への利用は、ほくほくのサツマイモだと不可能です。

茨城県かすみがうら市にあるいも問屋「ポテトかいつか」のスタッフによると、2000年頃からすでに消費者の嗜好が変わってきていたと言います。それは私が、これからはねっとり系のいものほうが売れると言い出したときと同時期ですね。

ちなみに2000年頃というと、どこを見てもほくほくのいもしかありませんでした。私は種子島へ行ったときに、**安納芋**（品種名は**安納紅、安納コガネ**）を知りました。県の試験場の人たちから意見を聞かれ「これはすごくうまい。絶対売れるから商品化したらいい」と言ったおぼえがあります。当時の安納芋はマイナーな存在であり、ほくほく（粉質）系中心の時代でしたから、種子島の人たちは全国区で売れるとは思っていなかったでしょう。しかし沖縄ではやわらかいいもが売れるんですね。なぜかというと、沖縄は気候が暑いから冷えたいもを好む人が多いのです。ほくほくのものを冷やしたらぼそぼそになってしまって食べられませんね。

　いまの店頭を見てください。2010年頃からねっとり系がブームとなり、べにはるかやべにまさりのようなやわらかで甘い新品種の売り場が急激に拡大しているでしょう。消費者の好みはいつも同じではありません。飽きも生じるし、時代によって変わるのです。ですから現在の人気品種でも未来永劫に安泰であるとは限りません。

　粘質系の場合に問題になるのは、ふかしすぎたときにべちゃべちゃになってしまう点です。握ると蜜が出てきて手がべとべとになるし、形が崩れるくらいにやわらかくなります。でも焼きいもにすれば水分が飛んで形が引き締まります。いまは家庭でも焼きいも器で焼いて食べることが多いですが、ふかす場合には、べにまさりなどのやや粘質系のいものほうがいいでしょう。

　べにまさりとべにはるかは、食味も違うので好き嫌いが分かれるところでしょう。べちゃべちゃして甘すぎるのは嫌だという人が選ぶのはべにまさりですね。**高系14号**よりもいもの黄色が濃くて、もう少しねっとりとやわらかく甘みがやや強いと思えばよいでしょう。分類すれば、粘質系の品種に入ります。

第1章　サツマイモの現代史

21世紀には「有色サツマイモ」が台頭

　安納紅は、中が薄いオレンジ色をしています。ビタミンAのもとになるカロテンが含まれています。一般的にいえば、カロテンを含むサツマイモはねっとり系が多いです。

　2016年8月に台湾に行きましたが、オレンジイモが全盛です。健康に良いので、40年くらい前から黄色系からオレンジ系に変わったそうです。人気なのは**台農57号**という品種で、いもの特徴が安納芋に似ています。いもの全体は濃い黄色で、リング状にオレンジ色が入っています。ゆで卵の黄身を輪切りにしたような色合いなので、現地の人は「卵黄いも」と呼んでいました。

　いもの中身が紫色の品種はでんぷんが高いため、ほくほくした粉質系のものが多いのですが、**種子島紫**（品種名は**種子島ロマン、種子島ゴールド**）などはねっとり系ですね。沖縄の**宮農36号**もそうです。この品種は戦後すぐに沖縄で開発された品種で、最近の育成品種である**アヤムラサキ**よりは紫色がかなり薄いです。沖縄の中だけで流通していましたが、収量が多くないので、最近では**備瀬**に代わってきているようです。

　ハワイの**エレエレ**という品種もこの系統に入ります。たぶんねっとり系の紫イモは南太平洋方面からやってきたのではないでしょうか。

　いま青果用のサツマイモは、べにはるかのようなねっとりと甘い粘質系の品種が主流になってきています。青果用としては、さらに甘い品種を作ることは無理なように見えます。この品種でもう行き止まりでしょうね。焼きいもにしたべにはるかの糖度は40％くらいですから、これ以上甘くはならないと思います。

また、甘い品種をずっと食べ続けると、甘すぎて早晩飽きが来るはずです。あまり甘くないほうがよいといって、べにはるかより少し甘さ控えめのべにまさりを選ぶ人たちも現にいます。私は「ねっとり系の次はさらっと系だ」と思っています。粉質系でもない粘質系でもないさっぱりとした七福や太白のようなタイプではどうだろうかと思っているのです。

ちなみに七福（別名：アメリカ）や太白（別名：吉田）はいずれも、明治中期に関東で広く栽培された品種で、ほんのり甘く、サラッとした食感が特徴です。太白は昭和40年頃までは埼玉県の川越市近辺でも残っていましたが、現在はもう消滅してしまいました。七福は現在、小笠原諸島で特産品として復活しています。両品種とも長い間栽培されただけでなく、新品種を開発するための親としてもずいぶんと役に立ってきました。日本のサツマイモにとって大切な財産です。

適度な甘さを持ち、しっとりとしているけれどベタベタしないさらっとしたタイプで、いわば飽きが来ないおいしさ。カナリア諸島で食べた同タイプのサツマイモは私の"いもメモリー"の中では最高でした。食事の中の副食としていいと思いますね。私自身は、このタイプが次の主流だと見ています。

最近は、オレンジ系のアヤコマチや紫系のパープルスイートロードのように甘いけれどもさっぱりした新品種も生まれてきていますから、期待したいものです。

もっと食べよう健康食

ここでは少し角度を変えて、サツマイモのことを考えていきましょう。いまやサツマイモをお米の代用食として下に見る風潮は消えていますが、これは日本の研究者による機能性の研究に負うところが大きいのです。世

第1章　サツマイモの現代史

界的に見れば、いまサツマイモは健康食品であるとの認識が高まっています。とりわけ高齢化の進む日本では、健康食品としての役割を重視し、エコ作物としてのサツマイモをもっと作り、もっと食べることが必要だと私は考えます。

　もっと食べようといっても、昔の食糧難のときのような生産量は必要ないでしょう。ただし、いまの日本人はアメリカ人と比べても野菜消費が劣っており、食物繊維やミネラルの不足が心配されます。オレンジや紫など機能性の高い有色サツマイモの生産や加工の研究を進め、高齢者が健康的な生活を送ることができるように努力すべきだと思います。また、世界的にも先進国では高齢化が進むので、機能性の高いサツマイモ加工品の輸出も重要になるでしょう。元気なまま長生きして苦しまずに死ぬという"ピンピンコロリ"を望む人たちが増え、そういう人たちが体に良い栄養や機能性に優れた食物を求める。となると、サツマイモは最適です。なにしろ準完全栄養食品であり、食物繊維やポリフェノールも豊富なのですから。

まず健康のために！

　現在の日本人の食生活の中で不足している栄養成分は食物繊維です。それは野菜の消費量が減少しているからです。野菜ジュースを飲んでも食物繊維は少ししか含まれていません。またファストフードや炭酸飲料ばかりだと、ビタミンやミネラルをバランスよく摂取できません。

　サツマイモは食物繊維やビタミン、ミネラルを簡単に摂取できる食べ物です。お菓子ではなく副菜としていまの倍は食べてもらいたいのです。サツマイモの成分は大体70％が水分、20％が糖質、7〜8％が食物繊維です。1日に鶏卵2個分（約60g）を食べれば食物繊維の不足分がほぼ補えます。でも現状のサツマイモ消費量は1日あたり30gに達していません。

高齢者の問題としては、血管の老化や認知症、さらにはがんにしても体の酸化が元になっていろいろな病気が起きるわけです。だから、できるだけ抗酸化作用のあるポリフェノールのような物質をたくさん含むもの、サツマイモの中でもポリフェノールの一種であるアントシアニンを豊富に含む紫イモや、野菜類で最高にポリフェノールを含むサツマイモの葉を食べることが大事ではないかと思います。もう一つは毎日のお通じ。高齢者の3〜4割は便秘、80歳以上になると半数が便秘薬を飲まないとダメな状態になります。この点でも食物繊維やヤラピンの多いサツマイモは好適だと思います。

エコ作物な点もメリット

次に忘れてならないのは、投入エネルギーが少なくて済むエコ作物であることです。具体的には次のように考えることができます。

何か作物を栽培するとき、農家が機械や肥料・農薬、燃料やプラスチックなど外から投入するエネルギーの量と作物が太陽から取り込んで産出するエネルギーの量の比率を見て、1以下だったら投入よりも産出するエネルギーのほうが大きいといえます。こういうことが可能な農業はエネルギー面から見てエコになりますが、この値がサツマイモは1以下なのです。他に1以下はサトウキビくらい。米はおよそ2。一番ひどいのはハウスなどの中で作る野菜類で、重油や電気、ハウス資材、肥料、農薬などをエネルギーコストとして考えると比率が100倍になってしまい、エコ農業という概念からは程遠くなります。

エコ作物であることを別の例で言いましょう。かつてサツマイモの主要産地であった南九州では、サツマイモに代わって、お茶や野菜の生産が増加しました。その結果、地下水の窒素濃度が上昇し、井戸水が飲料用とし

第1章　サツマイモの現代史

て不適な地域が出てきました（p.108「過剰な肥料は禁物」を参照）。サツマイモは窒素肥料が野菜の5分の1くらいで足りるし、農薬もほとんど使いません。無農薬でも大丈夫です。黒マルチ（雑草を防ぐために畦を覆う黒いポリフィルムのこと）以外には資材もほとんど使いません（麦や大豆もコストがかからないように見えますが、実は機械代が馬鹿にならない）。

休耕地や荒れ地でサツマイモを作るときに肥料は厳禁です。ツルボケを起こします。サツマイモは環境にやさしく、生産コストがかからないエコ作物なのです。

さらにエコの理由がもう一つ。サツマイモは投入エネルギーも少ないですが、産出量が大変に多いのです。

サツマイモとサトウキビは10aあたり何トンという収穫単位だけど、普通の農作物は10aあたり何キロです。米は500〜600kgだけど、サツマイモは2〜3tと桁が違う。麦だと300kg、大豆だと200kgくらいですからね。ジャガイモは暖かい地方では2tくらい。北海道だと4tくらい取れます。ただ、ジャガイモはけっこう肥料や農薬を使いますから、エコ作物とはいえませんね。

サツマイモ自給率と輸出の見込み

最後に、サツマイモは供給面でも強いという点も強調しておきましょう。日本のサツマイモの自給率は90％くらい。10％は中国から干しいも、冷凍いも（中華いも、大学いも、いも焼酎の原料となる）などが輸入されています。最近では冷凍ペーストやパウダーなどの形でも輸入されているのではないでしょうか。

生いもはウイルス病やアリモドキゾウムシなどの病害虫の侵入対策上、

先進国では移動が禁止されています。日本では奄美や沖縄からの生いもの移動も禁止です。加工品として干しいも、焼酎、紫色素などが日本から海外へ輸出されていますが、生産量に換算すると数パーセントもないでしょう。日本の干しいもをアメリカに輸出していることは聞いていますが、他の加工品を大量輸出している例はまだ聞いたことがありません。

　先進国は健康食品がブームとなりつつあるので、日本の焼きいも、かりんとう、いも蜜、干しいもなどサツマイモの加工品の輸出は可能性が大きいでしょう。ジャガイモ優位なヨーロッパでも、最近サツマイモの需要が増えているそうです。特に、健康に良いとされるオレンジ系のサツマイモが冷凍加工されてアメリカから英国やオランダに輸出されているようです。これまでに25カ国ほど調査しましたが、どの国でも日本のサツマイモやその加工品はおいしいというのが通り相場でしたから、輸出を考えない手はありませんね。

　サツマイモは暖かい地域であればどこでも栽培できるので、単にサツマイモを生産するだけでは戦略物資にはなりません。しかし、機能性が高く加工しやすい、これまでにないような新しい特性を持った原料品種を開発

エコ作物の別な側面

　バイオマス作物としてのサツマイモは、日本でも近畿大の鈴木高広先生が考えています。これまでに考えていたようなアルコールにするのではなく、サツマイモを乾燥させ燃やして、火力発電に使おうというものです。10aあたり最高値で6〜7tまで収量が上がれば、サツマイモの火力発電も実用化するかもしれません。先生は収量を上げるために、平面的な畑でなく、サツマイモの立体栽培を考えているようです。南九州だと平面でも5〜6tは取れますから。乾燥後に燃料として使っても黒字になると計算しています。

することができれば、戦略的に扱うことは可能となるでしょう。
　例えば、三栄源FFI社で生産した紫サツマイモ「アヤムラサキ」のアントシアニン色素（p.121を参照）は、まさに世界の天然色素市場を席巻しています。一般には知られていないけれど、サツマイモ日本ここにあり！なのです。

5　研究のつれづれに

　私から語れるサツマイモの現代史は以上のようなものですが、ここからは思いつくままおしゃべりしていきましょう。

サツマイモ研究の面白さ

　意外かもしれませんが、先進国にはサツマイモの研究者が少ないのです。そのため研究が進んでおらず、何をやっても世界一、世界初になる可能性が高い。これがサツマイモを研究する妙味でもありました。また日本は1960年頃から熱心にサツマイモの世界探索を行って、遺伝資源を集めてきました。コロンビアにある国際イモ類研究センター（CIP）を除けば、国ベースではおそらく世界一のサツマイモ遺伝資源大国だと思います。

　サツマイモは花が咲きにくいので、接ぎ木（p.156参照）など特別な処理をしなくては期待する交配は行えません。そのためには温室内で花を咲かせ、手で交配することが必要となります。しかも温室内という暑い密室での作業は大変です。でも、これは面倒な操作を苦にしない日本人向きなのです。日本には年中交配を行って10万粒の種子を作ってくれる専門部隊がいるのです。1回の交配で得られる種子の数は最大で4粒、平均は2粒程度ですから、最低でも5万回の交配が必要ですね。種子がうまく実らないことも想定すると、その2倍から3倍の交配数が必要ですが、着々と作業をしてくれる頼もしい人たちがいてくれます。

　サツマイモは、いまでは世界各国が健康食品として見ています。私はもともと医学部志望だったので、研究生活後半でサツマイモの機能性の研究

を進めることができて幸せでした。これもサツマイモがアントシアニンやポリフェノール、βカロテンなどの抗酸化物質を大量に含んでいるからです。他の作物ではこういう研究はできなかったでしょう。また、サツマイモの主成分であるでんぷんやでんぷん分解酵素など生化学的な研究もすることができました。

　サツマイモの研究者は通称「いも仲間」といわれるほど団結力が強く、お互いに助け合ってきました（他の作物の研究者ではこのような言葉を聞いたことはありません）。このような素晴らしい仲間と一緒に仕事ができたことも良かったと思っています。

　ここで、私のサツマイモ関係の仕事を整理しておきます。いずれの研究でも、従来の常識を打ち破っていくことに力が注がれました。自分では、"常識への挑戦"に研究者としての身上があると思っています。

　有色品種の開発とその加工・利用法の創出：紫やオレンジ色の有色品種、さらには色素の持つ機能性の研究まで。
　好食感を持つ食用品種の開発：例えば肉質が滑らかでやわらかく、甘みが強く、食べやすい、胸焼けしにくいねっとり系品種の開発とその加工適性の研究（特に干しいも）など。
　地上部（茎葉）利用法の研究と専用品種の開発：ここには観賞用品種の開発や茎葉利用品種「すいおう」の研究が入ります。
　でんぷん関連：これには高でんぷん品種の開発だけではなく新規特性を持ったでんぷん、つまり低温度条件でも糊化し、かつ冷えても硬くならない（老化しにくい）でんぷん特性を持った品種の開発。

　私のメインの仕事は新品種を開発することですが、遺伝資源の数を増や

すこと、植物体に含まれる機能性成分の違いを明らかにすることも重要な仕事でした。

　研究室には世界中から集めた1000以上の品種が保存されており、片端からポリフェノールやたんぱく質の含量を分析したこともありますし、毎年新しく作成される選抜系統（数百以上）のポリフェノール含量やたんぱく質も分析しデータベースを拡大していきました。また、通常の化学分析手法は大変な手間と時間がかかるのですが、それを育種過程で応用するために簡便な分析法を開発することも（もちろん精度は低下しますが）重要な仕事です。一方、実験動物を使って機能性成分が実際にどのような作用を示すのかを探ることは私の仕事仲間である専門研究者の仕事です。

サツマイモ界の常識と戦う

　ところで、日本酒には甘さ辛さの評価があります。しかし焼酎はそういう評価をしていません。焼酎の品評会では、紫イモを用いた人気の「赤霧島」などは"雑味がある"とされて低評価。これは**コガネセンガン**を原料とした焼酎を標準（スタンダード）としているために、それ以外の特徴があるものははじかれてしまうのです。

　お茶でも米でも、プロが下している評価は一般消費者の好みとは違うと思いますね。つまりプロの味覚は、伝統的な味を重視するあまり消費者の嗜好変化を少しも反映していない。米の例だと、コシヒカリのみが標準になっているから、これに沿った、やわらかくて粘り気のある食味でないと高く評価されない。特性のまったく違う、例えば粒が大きく、さっぱりした味で、しっかりした嚙み心地の米は排除されてしまう。消費者の好みは様々なのに、これはおかしいでしょう。

　標準となる品種を一番とせずに、真ん中とすることです。コシヒカリや

和牛、やぶきた（茶）などを最上とするから、あとは同等かそれ以下という評価になり、それ以上の逸品が出てこないのでしょう。

　私の研究室でサツマイモの食味の評価をするときは、標準品種である**高系14号**を真ん中に設定しました（16ページのチャート参照）。これと違うタイプのいもが出てきても評価できる基準を作ったわけです。評価軸が「ほくほく系かねっとり系か」「甘さが強いか弱いか」「食感や舌触りが良いか悪いか」の3つあるのです。これだと多面的な評価が可能で、新タイプの品種が出てきても排除されることがないから、サツマイモの世界が広がっていくわけです。"変わりもの"を大事にしないところに進歩はないと考えています。

　なぜ、こんなことを言うのかといえば、サツマイモのねっとり系品種を開発していた当時、市場の人たちの頭には"ほくほくのいもがおいしい"という先入観が強固に刷り込まれていました。いまでもサツマイモを扱ったテレビ番組では、出演者はしばしば「ほくほくしておいしいサツマイモ」というステレオタイプな表現をするでしょう。これを打ち破るのに私は相当なエネルギーを使いました。でも消費者に食べてもらったら、ねっとりいものほうがおいしいというのです。サツマイモの市場関係者といわれる人たちはいままで何を見てきたのかと言いたかったですね。海外へ行ったら、みんなやわらかで食べやすいいもばかり。喉が詰まったり、胸焼けするようなほくほくタイプの評価は低いわけです。日本の、いわゆる食の専門家の間だけで通用する基準で評価していても無意味なのです。

　お米に例を取るなら、関西や関東の一部で栽培されている「キヌヒカリ」は、しっかりとした歯ごたえのある粒が大きい品種で、海外へ持っていくと高評価を受けると思います。でも日本はコシヒカリ信仰で固まっているからこのような品種を積極的に売ろうとしない。農家にとって、キヌ

ヒカリは本当に作りやすい品種です。収量も多くて、イネが倒れない。粒が大きいから、お米の等級でいうとみんな1等米になります。コシヒカリは早生で、キヌヒカリより1週間くらい稲刈りが早い。昔は台風が二百十日（にひゃくとおか：立春から数える。9月1日頃）に来るから、早生が良かった。でも最近の大きな台風は地球温暖化で来襲が遅くなっているので、収穫が9月中旬の品種でも大丈夫。状況は変わってきているのです。

新しい特性が起こすイノベーション

　もう少し、"常識との戦い"についてお話しします。

　例えばでんぷんについて。これまでのでんぷん研究者は身近にあるサツマイモの品種から取ったでんぷん特性を分析して、サツマイモのでんぷんとは云々と言っています。私のように遺伝資源を広く見ている研究者にとっては、そのような固定観念は無用です。サツマイモ遺伝資源の中にはいろいろなでんぷん特性のものが存在すると感じていました。

　たくさんの育種素材を調査するためには、でんぷん特性の簡単な分析法の開発が必要になります。そして新規特性を見つけたらその原因を探っていきます。低温度糊化タイプのでんぷんは、同時に老化（冷えたでんぷんが硬く固まる現象）しにくいことをつかみました。

　このような生化学的な分析手法は従来の育種家では取り扱わなかった分野ですが、幸い私は若い時に名古屋大学の生化学研究室（瓜谷郁三教授）に留学をした経験があり、生化学的な知識や分析法が身についていたこと、それから北海道大学理学部出身の若い研究者を研究室に採用できたことなどが幸いしました。

　有色サツマイモの開発では、「紫色の食材なんて売れない」という食品分野における常識があり、これまた打ち破るのに苦労しました。幸いなこ

とに、熊本大学医学部から機能性に興味を持った研究者が私たちの研究所に採用されました。彼を仲間に入れてサツマイモの紫色素であるアントシアニンについて機能性の研究を進める一方、南九州大学園芸学部の研究者とともに品種ごとにアントシアニンの種類の違いを解析していきました。サツマイモのアントシアニンはベリー類や赤キャベツなどのアントシアニンより成分の種類が多く、構造もより複雑です。このことが熱や光に対して高い安定性を与えていることがわかったので、天然の食用色素として利用する場合に好都合でした。

さらに、それらの成分の一部は分解されないで高分子のまま実験動物の体内に吸収され、抗酸化作用を示すこともわかりました。ラットを使った研究により、脳の血液量を増やしたり、肝機能を改善させるなど機能性が高いことが明らかとなりました。このようなデータを公開することで、紫サツマイモは食品としての価値が高まり、加工用途が広まりました。常識は時代とともに変わっていくものだと認めなければ、イノベーションなど起こすことはできません。

常識外れなサツマイモに着目する

これもイノベーション事例ですが、葉を食べる茎葉利用品種すいおうの開発・普及は最も苦労した研究でした（苦労はいまなお続いています）。

サツマイモの葉や葉柄は、東南アジアやアフリカなど熱帯圏の国々では普段から食卓に上がる重要な野菜です。2012（平成24）年6月に訪問した中国の福建や海南島でも中華風に炒めた料理として食べられていました。現地の人たちは栄養のある野菜であることをよく知っていて、とてもおいしいと言っていました。

しかし、日本で市場に出せば、「いもの葉など食べられるものか」と言

われることはわかっていました。なにしろ戦中派の人たちは食べ物がない時代に、サツマイモの葉や葉柄をイヤイヤ食べていたのですから。しかし現在でも奄美・沖縄地域では、重要な夏野菜になっています。庭先でもどこでも簡単に作ることができます。

　たしかに、いもの葉はエグミがあるので生では食べることができませんが、熱帯圏の人たちはサラダが大好きなので、生で食べられるサツマイモの葉ができれば喜ぶことでしょう。そこでエグミがなくて、生でも食べることができる品種を開発することにしました。また、頭の固い日本本土向け対策として、紫イモの開発のときに取った作戦、つまり機能性をPRすることにしました。

　葉に含まれるポリフェノールを調べたところ、本当に驚きました。トリカフェオイルキナ酸というとても珍しい、抗酸化作用が非常に強い成分が見つかりました。東洋新薬（p.132〜133参照）や熊本大学などの研究者も参加する大がかりなプロジェクトを実行しました。

　ちなみに、機能性をうたう健康食品はいまやマーケットにあふれかえり、恐らく消費者の方たちも食傷気味だと思います。私たち九州沖縄農業研究センターの研究グループは機能性食品の開発では草分け的な存在です。健康食品というのはあくまで「食べ物であり」、病気の治療をメインにした薬とは異なる商品です。食べておいしく、加工もしやすく、安全に作ることができ、栄養もあるということが大切で、機能性はあくまで副次的なものだと考えています。ただ売らんがために、水のようなものに機能性成分を添加して、機能性をうたい文句にしている現在の状況は良くないと思います。

　特に、機能性表示食品という区分ができてから一層ひどくなりました。トクホ成分となっている難消化性デキストリンを一定量入れれば、アル

コールや砂糖を含まないものなら何でも機能性表示ができることになるのですから。例えば、何でもないお茶や水に入れただけでもＯＫになるのです。これでは偽のイノベーションでしょう。

6　食糧危機を想定した意図

　公私とりまぜてサツマイモの話をしてきましたが、第1章の締めくくりとして、まえがきでかいつまんで記した食糧危機のシミュレーションのことをもう少し詳しく書いておきましょう。

　2002（平成14）年3月に農林水産省決定の「不測時の食料安全保障マニュアル」が公表されました。この資料を作るための研究が3年間のプロジェクトで行われたと記憶しています。利用可能な農地がどのくらい確保できるのか、基本食料となるサツマイモやジャガイモの生産はどのようにして行われるのか、が研究されました。

　農業環境技術研究所（利用可能農地と作物生産量のシミュレーション）、九州沖縄農業研究センター（長い苗を1節ごとに切って作った一節苗を活用したサツマイモ苗増殖法の開発）、種苗管理センター（後述するマイクロチューバーを活用したジャガイモ増殖法の開発）などが研究に参加しました。マニュアルの作成は大臣官房が生産局などと協議しながら行ったと思います。

　これは終わった後には公表する性質の研究なので、いわゆるマル秘のプロジェクトではないのですが、検討している最中の3年間はデータを外部に漏らすわけにはいきません。

　通常の研究プロジェクトの場合、農林水産技術会議事務局が企画や管理を行うのですが、今回は農水大臣の大臣官房がダイレクトに行いました。「食糧危機に備えてどういう対策がとれるのか？　日本人が飢えないで済む方法を考えよ」というテーマですから。関係者はみんな前向きで参加せざるを得ませんね。

第1章　サツマイモの現代史

　基本的には、日本にはどのくらい使える農地があるのか、そこで何を作るのか、ということです。土地の選定は、農業環境技術研究所がランドサットデータ（アメリカの打ち上げた地球観測衛星）を使ってシミュレーションしたデータを利用しました。対象作物としては、東北から北はジャガイモ、福島から南はサツマイモという区分を行いました。米ではダメだと早々に方向性が決まりました。いも類はカロリーの生産性が高いから、これを食べれば飢えないで済むと思ったわけですね。食糧の輸入がストップするという緊急事態のときは石油の輸入も止まるし、他の資源の輸入も止まってしまうでしょう。そのときには肥料や農薬を使ったり、油を使う農業機械が必要となる米のような作物ではダメなのです。

　研究会議は年に2回でした。春先のプロジェクトが始まるときの研究計画打ち合わせ会議、そして年度末の2月にはどんな成果が出たかを披露する打ち合わせ会議が行われました。つくば市にある農業環境技術研究所で会議が行われました。

　研究打ち合わせ会議には、前記2つの研究機関と種苗管理センターから部長級の取りまとめ責任者と研究担当者の2名が出席していました。計6名の研究者と、あとは大臣官房から2～3名の事務官が参加したと思います。したがって、プロジェクト自体は狭い部屋に8名程度が集うだけの小さなものでした。

　プロジェクト終了後にシミュレーションに基づいたマニュアル作りが本省で行われましたが、有識者などを集めて大勢の人が関わったようです。大臣官房が音頭を取って、各部局の専門家から食料総合局など政策関係の人間も来ていますから、おそらく20～30名くらいにはなっていると思います。この会議には私たち担当研究者は招かれていません。

　苦労した点は、輸入がどの時点で止まるかを想定することでした。それ

によって対処法が違ってくるのです。夏の途中に食糧危機が起きた場合、サツマイモを植えても収穫にはもう間に合いません。

　春なら植え付けには間に合いますが、果たして種いもがどのくらい確保されているのかが問題です。もし種いもが少なかったら、苗をどうやって増やすのか。そういったいろいろな状況を考えた上でアイデアを出し合うことに力を注ぎました。緊急時に備えて常に十分な種いもを保管しているわけではないため、結局、苗を大量に、迅速に増やすことが重要になるのです。

　ジャガイモの場合は、種いもそのものの流通が制限されています。種いもは「認定」（ウイルスなどの病気に感染していない）のハンコがないと売ることができない仕組みになっています。だから、まず種苗管理センターで元になる原種を作って、原種を扱う指定された農家が種いも用という形で増やして、認定印をもらって初めてホームセンターなどで販売できるのです。

　ジャガイモは「マイクロチューバー方式」といって、三角フラスコの中で無菌状態の種いもを増殖しようという研究が行われました。この方式で作った種いもの大きさは豆粒大です。この方法だと無病の種いもが２～３カ月という短期間でできるのです。これを種子のようにして畑に植えれば、５カ月後には普通の大きさのジャガイモになります。

　しかし、サツマイモではマイクロチューバーが作れないのです。ジャガイモの場合はフラスコの中で光が当たっている条件でも小さないもが付くのですが、サツマイモは光が当たっているといもが付きません。だから普通のサイズの種いもを苗床に植えて、萌芽してきた苗を１ｍくらいに長く伸ばし、１節ごとに切り分け、また苗床に植え付ける。それを何回も繰り返して苗を増殖するという研究が行われました。実用化を目指したプロジェクトなので、実現可能な技術開発を行うということが至上命令でした。

第1章　サツマイモの現代史

　前述したランドサットの情報を使って日本の上空から国土をチェックすることで、どこにどのくらいの耕作可能な農地があるかわかります。ゴルフ場など農地転換ができる土地も調べます。食糧危機のときはゴルフ場も大事な農地になります。

　大臣官房では、輸入が止まった程度に基づいて、緊急度を決め、それぞれの緊急度に対応したマニュアルをまとめるという作業を行っていたようです。
　そもそもなぜこんな発想が出たかというと、アメリカの港湾ストの影響で大豆輸入が止まる、あるいは旧ソ連が不作でアメリカから緊急に大量の小麦を輸入したために小麦が不足する事件が過去にあったからです。港湾ストの時には、豆腐や納豆用の大豆が足りなくなって大変でした。また、2012（平成24）年にこのマニュアルは改訂されましたが、それは東日本大震災の影響で原発が壊れ、関東から東北地帯で農産物が放射能に汚染されたために首都圏への供給ができなくなったという想定によるものです。

緊急時には「どこでも農業」
　私が提唱する「どこでも農業」というやり方では、"超吸水性シート"にあらかじめ種子と肥料を埋め込んでおき、いざという時に高速道路や建物のようなコンクリートの上にでーんと広げて、散水機で水をまけばハツカダイコンなら1カ月で収穫できます。野菜はもちろんのこと、お米や麦、大豆、ソバも収穫できますよ。普段からこういう栽培システムを準備していれば、緊急事態に陥っても乗り切ることができるのではないでしょうか。シートは巻いて、涼しい所に保存しておく。二車線ある高速道路のうちの一つの車線を作物生産に使って、あとの一つを物流道路として使えばどうでしょうか。

このプロジェクトによって、サツマイモの最大収穫量が平年の70〜80倍は高くできることがわかりました。苗を確保した上で、国民の誰もがサツマイモ作りに励めば、そこまでは一気に増やせるということですね。これで日本人が飢えなくて済む。

　いまのサツマイモの栽培面積が約4万haで、その70倍だと280万haの栽培面積になりますね。戦後の一番多い時で45万haほどですから、相当な面積だとわかります。肥料がないと仮定すると、10aの面積で収穫できるサツマイモは1tくらいでしょうか。私たち日本人が生きていくために食べる量は、パプアの人の例で計算すると、1人年間250kgくらいでしょう（パプアの人は自分の体を維持するエネルギーの65％をサツマイモから取っています）。つまり10aあれば、家族4人の主食をまかなえます。畑に常時へばりついて農作業しなくても大丈夫。1週間に1回の勤労奉仕で10aのサツマイモはなんとか栽培できます。しかも農薬も肥料もほとんど必要としないし、誰でも栽培ができます。

　ただし、サツマイモは苗を作るのがけっこうやっかいです。種いもから芽を出して、長さが揃った苗を準備する作業が大変なのです。栽培する人が苗を作るのではなく種苗業者から買って畑へ植えることにすれば、あとは種苗業者が苗を効率的に増やす方法を考えればいいのです。

　だから、このプロジェクトの成果は、平時でも十分に役に立つと思っています。農水省としては、種苗の確保ができ、国民を飢えさせないという責任を果たすことができたと大変に喜んでいました。実用性に乏しければ、いくら精密なマニュアルを作っても意味がありませんから。最悪、夏場に危機が襲っても、半年分の食糧備蓄があれば、次の収穫までなんとか食いつなげます。サツマイモは現在やこれからの未来においても、食糧危機から私たちを救ってくれる作物なのです。

芋ようかんの歴史とこれから

語り手
株式会社 舟和本店
営業部顧問 久木野治明さん

所在地：東京都台東区駒形1-9-5
TEL：03-3842-2703
設立：1902(明治35)年10月
http://舟和本店.com

安くておいしい甘味の幸せ

　舟和の創業者・小林和助は明治16（1883）年、雪深い新潟県（現在の上越市）で生まれ、浅草寿町の炭問屋で小僧さんになります。14歳のときに芋問屋を開業、また、自分で寒天の製造も始めました。若い者は休みの日に甘味がほしくなります。でも当時、煉ようかんというのは大変に高価なお菓子で、なかなか庶民の口に入るものではありません。そこで駄菓子屋の小僧さんをしていた石川定吉さん（後に和菓子職人となる）と"身近にあるサツマイモを使って何かできないか"と考え、二人は安くておいしい芋ようかんを作ろうと思い立ちます。いもの種類、蒸し方、砂糖の分量などの研究を重ね、ついに完成。同35（1902）年10月に芋ようかん、あんこ玉、栗むしようかん、煉ようかんを販売する舟和を開店します。和助19歳。派手な宣伝はせずとも口コミで広まり連日盛況となります。

芋ようかんの材料はほくほく

　芋ようかんのサツマイモですが、明治大正期には「紅赤」を使ってい

たようです。大正12年の関東大震災、昭和20年東京大空襲。舟和も大きな被害に遭います。昭和17年3月には小林和助が61歳で世を去ります。この当時は「農林1号」を使っていました。敗戦の20年からは「高系14号」に替わり、60年頃からは現在も使っている「ベニアズマ」になります。つまり品種としては粉質、ほくほくしたいもをずっと使ってきました。「べにはるか」など粘質のいもも何十回とテストしましたが、どうにも不向きでした。ベニアズマの生産は年々減少しています。なんとか退潮を食い止めたい、あるいは優れた新品種が早く登場しないかと願っています。

創業100年を超えて

　近年の動きとしてはバブル初期の昭和56（1981）年、芋ようかんの販売量も増えていきました。60年、ベニアズマに切り替えたのはいもの黄色が鮮やかで甘みが強く、多収だったからです。62年にはさいたま市浦和に新工場を竣工。健康志向、本物志向ブームで食文化が高まり、芋ようかんも急激に伸びていきました。ピークは63年頃で、ベニアズマが年間2400ｔ（1日6.6ｔ）必要でした。バブルがはじけても、芋ようかんは微増で伸びていきます。それが平成9（1997）年12月から減少し、3年ほどは苦戦しましたが、平成14年にはめでたく創業100年を迎えることができました。

　時にお客様から「芋ようかんは日持ちがしない。真空パックは作らないのか？」と聞かれます。これは何度もトライしました。でも原材料がいもと砂糖と塩だけなので、時間とともに発酵し、パックが膨れてしまいます。添加物を使えば膨張の問題はクリアできますが、それは舟和本来の道ではありません。研究を絶やさず、鮮度と健康を買っていただくのだと考えております。来たる2020年の東京オリンピック、パラリンピックを控え、一大観光地である浅草で舟和の味をご堪能いただけるよう、さらにメニュー開発に努力し、和菓子を世界の方々にご紹介して参りたいという所存です。

地味なイメージを一新
干しいもさらなる可能性

語り手
株式会社 幸田商店
代表取締役社長 鬼澤宏幸さん

所在地:茨城県ひたちなか市平磯町1113
TEL:0120-97-9988
創立:1948年5月
http://corp.k-sho.co.jp/corp/

茨城の地で収穫された新鮮な農産物を加工開発し、皆様に食の豊かさと農産物のおいしさをお届けしたいと考えています。

パッケージや形状にこだわる

　干しいもはなんとなく"古めかしい"イメージがあるのではないでしょうか? これまで食品メーカー側も、商品名や包装のデザインを工夫するなど"魅せる"努力をしてこなかったと思います。結果として、需要層が中高年の女性を中心とした市場になっていました。

　若者が干しいもを食べなくなっているということに私は危機感を持ち、若い女性をターゲットとした商品やギフト需要を開拓しようと考えて、様々な商品開発を行いました。まず、従来は色があまり良くなかった干しいもに、希少品種であった「泉」や新しく出てきた「べにはるか」などを積極的に使用し、見栄えと甘みをアップさせました。

　また、従来の平べったい形では噛み切りづらいという点があり、食べやすいスティック状(角切り)にしたり、健康面を考えた商品を開発して、青果売り場ではなくドラッグストアで販売してもらったりなど、幅広いニーズに対応した商品を展開しました。スティック状干しいもの売り上げはコンビニやドラッグストアを中心に伸びていて、現在の出荷割合は、平切り70%、角切り30%、丸干し5%程度になっています。

　ギフト用には、「べっ甲ほしいも」というブランド商品を作り上げ、

高級な干しいもとして新たな市場も開拓。あと、冬場だけでなく通年販売できるようにしたことは、シンプルなことですが画期的だったのではないかと思います。

干しいもの食文化を次世代に

2010（平成22）年には農園を設立し、サツマイモ栽培にも取り組んでいます。自社での耕作面積は20haで生産量は300t。栽培品種は「玉豊」「泉」「紅はるか」「ほしこがね」です。干しいもがおいしくなる（糖化する）ための条件として、適切なでんぷん量と水分量の2つが重要になります。また、形が紡錘形のものは糖化しやすく、加工もしやすいという利点があります。

ちなみに、ひたちなか市（旧那珂湊）は全国において国産干しいも製造率90％を誇るエリアです。そもそも、このエリアで干しいも加工が盛んになった理由は3つあります。1つめは、市を中心とする地帯の黒土とサツマイモ（玉豊種）の相性が大変良く、干しいも向きの良質な原料を作れたこと。2つめには、収穫したサツマイモを天日干しする冬場、晴天の日が多く、さらに海からの冷たい北風も適度に吹き、最高の自然環境が整っていたこと。3つめは、100年以上も前に干しいもを地域の産業にしようと尽力した大和田熊太郎や"サツマイモの神様"といわれた白土松吉といった情熱的な人々がいて、現在もそれが継続していること。これらのことが重なって、日本一の産地が出来上がったといえます。

2009年には、地域の企業や様々な組織の方が干しいもを通じて連携していく場として、「ほしいも学校」が誕生しました。干しいもについて深く学び、その歴史や文化をまとめた本を出版（2010年に『ほしいも学校』刊行）したり、新商品の開発などを行っています。先達の思いを次の世代に引き継ぐひとつの活動だといえます。昨年は、「第一回ほしいも世界大会」をひたちなか市で開催しました。

干しいもの食文化を広く、未来に向けて永く伝えていくためにできることは何かを考えながら、これからもおいしい干しいもを皆さまにお届けしていきたいと思います。

なんにでも適応する素材
洋菓子作りの万能選手です

語り手

菓子工房《プランタン》

香川調理製菓専門学校助教授
菓子工房《プランタン》責任者
遠藤徳夫さん

所在地：東京都豊島区駒込
3-24-3
TEL：03-3576-2547
創業：1956年

オリジナル・クッキーやケーキ、パンが好評の学園（女子栄養大学）内の菓子工房。地域の人々のお店として親しまれるとともに、学園の営業実習施設としての役割も果たしています。

安価でヘルシーで自由度が大きい

　「洋菓子におけるサツマイモ」ということで、洋菓子作りの立場から思うところを少しお話しします。

　まず、どんな農作物でも洋菓子の素材になります。そのため外部から、これを洋菓子として使用してほしいと依頼されれば当菓子工房では製作いたします。ただ、野菜などはそのまま食べたほうがおいしいのではないかと思うこともあります。そんな中、サツマイモは昔からなじみがあり、お菓子に使いやすい素材です。専門学校の生徒が行う臨地実習では、生徒が実習で製作・販売するケーキのメニューとしても、サツマイモは人気の食材の一つです。

　特性としては、安価であり使用しやすく、日持ちもしやすい。それ自体に甘みがあるので砂糖などの甘味料の分量を減らすことができます。オーブンで加熱しやすく、使い勝手もよい。製品を作る上で、最終的な

味がイメージしやすいのもサツマイモのメリットです。栄養面では、食物繊維やビタミンを多く含むので、お客様にアピールしやすい。総じて大変扱いやすい洋菓子素材です。

いろんな製品に変化させる面白さ

　用い方は、モンブランやスイートポテトがすぐに思い浮かびますが、私はパウンドケーキやマフィン、クッキーやスコーンなどの焼き菓子にも使用しています。製品を作る上で注意している点は、あまり凝りすぎずに、サツマイモの素材としての味、風味を生かすようにしています。また、パン（サツマイモの形にして見た目の面白さを演出）や、キッシュなどでも使用します。使う品種は鳴門金時、ベニアズマなどが多く、サツマイモならではの「ほくほく」した仕上がりになります。私の地元が埼玉県の川越に近いので、「川越イモ」と呼ばれている紅赤もよく使用しています。

　サツマイモの使用で目がいく洋菓子といえばやはりモンブランで、あの絞りの仕上げクリーム部分に使用するのが一般的です。私の場合は状況に応じて、このところに、既製品のサツマイモクリームを使用する場合もあります。最近は非常に品質が良く、おいしい製品が手に入ります。これには、ベースになるサツマイモだけで処理・加熱する工程を行って使用しやすい状態にしたものや、コンデンスミルクあるいはハチミツ、バターなどを加えて味を調整したもの、食品添加物を加えて日持ちを長くしたものなど種類は様々です。製品の性格によって使い分けています。サツマイモは、商品の季節感を出す中で、同じ季節の「栗」と同様に使えて、しかも価格が安いこともあって使用しやすいのです。

　最近は安納芋など非常に甘くて高価な品種も出回り、サツマイモ自体でもお客様にプレミアム感をアピールすることが可能になりました。さらに工夫の余地があろうかと思います。今後は、サツマイモを使用して、新しい製品を開発し、体にやさしいお菓子・パンを作り、お客様に喜んでいただきたいと思っています。

第2章　サツマイモの植物学
―― 面白くて感動的な農作物

　この章では、サツマイモとは「どんな植物なのか？」を探っていきます。身近な食材なのに、意外と知らなかったことが多いのに驚くでしょう。

第2章　サツマイモの植物学

1　サツマイモの独自性

呼び名がこんなにある

　私たちは何気なく「サツマイモ」と言いますが、これは関東でポピュラーな呼び名であって、全国統一名称とはいえません。九州から南に行くにつれ、どんどん名前が増えていく。サツマイモとは、そういう珍しい野菜です。

　まず**琉球イモ**という呼び名は、長崎県の平戸地域で使われる独特な言い方です。平戸というのは、英国の商館長コックスがサツマイモを琉球から持ち帰り、日本国内で初めて栽培した場所として有名です（平戸イギリス商館長リチャード・コックス、1615年の日記より）。

　沖縄や奄美の人となると、中国読みの**ハンスー**（蕃薯）と言います。絶対にサツマイモとは呼びません。それは薩摩から伝来したのではないこともありますし、かつて薩摩の属国となってから門外不出であったサツマイモを盗まれた恨みもあります。その薩摩では、昔は**甘藷**が正式名称だったようです。現在では**唐芋**（カライモ）と呼んでいますね。

　唐芋は九州全土で使う表現ですが、九州北部では**トイモ**あるいは**トーイモ**という呼び名もあります。関東では薩摩から来たイモという意味で**サツマイモ**と言うのが一般的で、商売人は簡単に**サツマ**と呼ぶこともあります。関西では**おいもさん**というやさしい表現も聞いたことがあります。

　農水省では作物名として甘藷あるいは**カンショ**を用います。学術関係ではサツマイモです。中国では蕃薯や**金薯**。蕃とは海南島から南のベトナム、マレーシア、インドネシアなどの地域を指します（フィリピンは入らないようです）。金とは導入した金さんという人名から取っていますが、お金の

ように「大切なもの」という意味でもあるのでしょうか。また、皮が赤くておいしいサツマイモのことを特に**紅薯**とも呼んでいます。

　こんなに呼び名がたくさんあるのは、サツマイモ発生の地である中南米から次々と（ときには禁を破ってまで）世界中に広がり、それぞれ地域で導入した人、あるいは栽培している地域に敬意を表して名前が付けられたのだと思います。サツマイモはそれほど人々になじみ、各地で大事な役割を果たしてきました。そのことの反映でしょう。

傑出した特性を持っている

　サツマイモは、なぜ門外不出とされるほど大事にされてきたのか？　それにはそう扱われるだけの、傑出した独自の特性があるのです。主なものは3つです。すなわち……

1．太陽エネルギーを取り込む能力が非常に強いために収量性が極めて高く、米の3倍くらい収穫できる。このことは米が養う人口の3倍の人々の食を確保できることを意味します。
2．干ばつや台風、病虫害に強い。つまり不良環境適応能力が極めて高く、

門外不出のサツマイモ

　明代の中国ではサツマイモの自由な移動が禁止されていて、琉球のような交易上の大事な相手にだけ贈与したとされていますし、琉球や薩摩はサツマイモを門外不出とした厳しい掟を持っていたようです。このサツマイモがあったおかげで江戸時代の薩摩は餓死者を出すことがなかったといわれています。そこで徳川幕府は、青木昆陽に命じてサツマイモを全国に広げるよう命じたのです。薩摩藩は幕命とあってやむなく提供したのでしょう。

肥料も他の作物ほど必要としないため、収量性が安定し、環境負荷が少ない。
3．調理が簡単で、ビタミンやミネラル、**食物繊維**などの栄養分が豊富な「準完全栄養食品」である。サツマイモに足りないのはたんぱく質や脂質です。だからこれらの成分が多い大豆とは相性が良いのです。

　最後にもう一つ、連作障害を起こさないという重要な特性もあります。一般に麦類や豆類、いも類などほとんどの畑作物において同じ畑に連続して作ること（連作という）はできません。その中でサツマイモだけが連作可能です。生命力の強い不思議な作物であり、むしろ連作をしたほうがおいしいサツマイモが取れるともいわれています。とはいえ、サツマイモに連作障害がまったくないというわけではありません。

　連作障害の一般的な原因としては大きく2つ考えられます。一つは「土壌の栄養的なバランスが壊れる」から。もう一つは「土壌中の病害虫が増える」からです。でもサツマイモはもともと肥料要求量が小さい作物ですから、栄養的なバランスが壊れて連作障害になることはほとんどないのです。

　問題なのは、病害虫の発生によって連作障害になる場合です。例えば、ネコブセンチュウに弱い品種や黒斑病（こくはん）のような腐敗菌に弱い品種を長く作っていると、やがて病害虫が増えて、まともなサツマイモが収穫できなくなります。しかし、ネコブセンチュウに対しては抵抗性の強い品種が開発されていますから、こうした抵抗性品種を使えば、むしろネコブセンチュウは消滅していきます。最近開発された品種は抵抗性が強いのであまり心配はないと思います。

　別の害虫としては、アリモドキゾウムシやイモゾウムシが挙げられます。奄美以南で発生が認められるため、奄美から本土への生いもの移動は禁止

されています。種子島では害虫を呼び寄せる性フェロモンを入れたトラップを畑に設置することで、発生状況のチェックと薬剤散布の時期を正確に予測でき、アリモドキゾウムシやイモゾウムシの発生が激減しました。

ただ、一つ心配なことがあります。通常は、刈り取った葉や茎はそのまま畑に残しています（p.103参照）。これはそのまま置いておけばやがて腐って有機質の肥料になり、栄養成分が畑に戻りますよね。でも葉や茎を食料やエサに使うために持ち出してしまった場合に、畑は栄養バランスを壊さないのか。その結果、連作障害が起きないのかということです。

不思議なパワーがある

ここで角度を変えて「サツマイモの不思議」といえる特性を見ましょう。

A．環境を守る力が高い

サツマイモの茎には空気中の窒素を固定し、サツマイモの栄養分に変える微生物「内生窒素固定菌」が棲んでいます。大豆に付着する根粒菌（根のコブとして外からよく見えるので外生菌と呼ばれる）とは違ってサツマイモの茎組織の一部になっているため、外からは見えません。しかし、この菌の力により、肥料が少なくて済むのです。

また、サツマイモはツルが長く伸びるだけでなく、葉が4層から5層にも積み重なって地表面を覆うため地表面には光がまったく届きません。だからサツマイモの畑には雑草が生えにくいのです。

この地表面を覆う力は、ビルの屋上や壁面にサツマイモを植えるとビル全体を冷やす冷房効果も生み出します（p.172〜173を参照）。また、豪雨によって土壌が流されること（土壌浸食）も防ぎます。

B．害虫に強い

　ある真夏のこと、サツマイモ試験畑に大きなハスモンヨトウムシが大発生しました。一晩で葉を食べ尽くした虫は食べるものがなくなって、よその畑に逃れようとしましたが、暑い道中で焼け死んだり、餓死したりしました。2週間後、畑に残った茎の節からサツマイモは一斉に脇芽と葉を再生させ、元の畑の姿に戻っていました。その生命力の強さは驚異的です。

　サツマイモの葉にはエビガラスズメという、体長5cmを超える大きな虫が付きます。他にもイモコガやナカジロシタバ、コガネムシなどいろいろな虫が葉を食べに来ます。牛や豚などの家畜もサツマイモの葉が大好き。栄養がある食べ物は虫や家畜でもよく知っているのです。

　サツマイモネコブセンチュウは、畑の野菜を台無しにする害虫です。ホウレンソウやニンジンなどの根にこぶを作り、栄養障害や水分不足を引き起こす大変な害虫です。もちろんサツマイモにも寄生しますが、中にはジェイレッドのように強い抵抗性を示すサツマイモの品種もあります。この品種を植えておくと、侵入したサツマイモネコブセンチュウを取り囲むようにサツマイモ細胞がバリヤーを作り、栄養を絶たれたセンチュウはやがて死んでしまいます。まるでトラップですね。

サツマイモの葉の不思議

　ちょっと試してみてください。サツマイモの葉（葉柄付）の1枚を土に植えておくと、葉柄の切り口の部分に細胞の塊（カルス）ができて、やがてそこから根が何本も生まれてきます。普通のいものような節がないために新しい葉は出てきませんが、やがていくつかの根が太って小さないもになります。しかし葉は、最後まで1枚のままなのです。不思議でしょう？

サツマイモの病気についても付記しておきましょう。まずウイルス病があります。斑紋モザイクや萎縮モザイクです。ひどい場合には、収量が半分以下に減少します。特に熱帯圏で被害が多く発生します。媒介昆虫はアブラムシです。このウイルスはいもからいもに感染が続いていきますが、すでに述べた茎頂培養により除去が可能です。

　現在、世界ではサツマイモのウイルス病対策として茎頂培養によるウイルスフリー苗の利用が盛んに行われています。茎の先端の組織（生長点組織）、大きさが0.3mmくらいの組織を切り出して、無菌状態で培養します。数カ月すると、やがて根、茎、葉が再生されてウイルスを含まない苗が出来上がります。細胞分裂の盛んな生長点はウイルスを含まないという科学的な結果を活用した方法です。だからサツマイモではウイルス病対策のために遺伝子組み換え体を特に必要としてはいません。

C．ユニークな品種がある

　サツマイモには、夏から秋にかけて花が咲く花らんまんという品種があります。サツマイモは自分の花にある雌しべと雄しべによる受粉では種子をつけることができない（自家不和合性）ので、他の種類の品種を脇に植えておくことで種子を作ることができます。この種子を直接畑にまくと、秋には大きないもが収穫できます。つまり、苗を植えなくてもいいのです。サツマイモの種子は通常、水を通さない硬い殻で被われている（確実性）ので、殻に傷をつけないと発芽しませんが、中には皮がやわらかくてそのまま発芽するものもあります。

　サツマイモのツルは植えたところから何メートルも伸び、畑の隅々まで覆ってしまいます。しかし集めた遺伝資源の中には短ツルタイプのサツマイモ（品種名は付いていません）もあります。このタイプのいもは低収量で

あることが多いのですが、ジャガイモのように地上部が立つので、土寄せやツル刈りなどの栽培管理が簡単です。また植えた四方にまでツルを伸ばすこともないので、狭い面積しかない家庭菜園用に向いたサツマイモになる可能性もあります。

2 植物としての特性

栽培の適地は熱帯・亜熱帯

熱帯や亜熱帯ではサツマイモのツルがいつも旺盛に生育しているので、収穫前に切り取ったツル先を近くの畑に植え付ければ済みます。そのため種いもの保存は必要ありません。

先進国のサツマイモ栽培では畦を長く作りますが、熱帯のフィジーやパプア、それにアマゾンのネイティブの人たちは小さな山（ヒルと呼んでいる）を作って、そのてっぺんに苗を数本ずつまとめて植えています。家の畑に自分たちが食べる分だけ少しずつ苗を植えるという自家菜園での栽培が主流であることや、鍬や鋤がないので畦を作ることができないためです。このようなところでは、先がとがった棒、あるいは薄く長い鉄板の付いた棒を使って農作業が行われています。日本でも山に入って自然薯を掘る人がいますが、そのときに使っている道具を思い起こしてください。

サツマイモはもともと寒さに弱いので、15℃以下ではツルの生育が止まってしまい、葉も黄色くなります。また10℃以下の温度が1カ月以上続くといもが腐ってしまいます。したがって最低気温が15℃以下になると、ツルの状態のサツマイモは生き残っているのがやっとの状態で、生育はほとんど止まってしまいます。おおむね沖縄や台湾、アメリカ・ルイジアナ州の南部、中国福建省などの亜熱帯圏でも冬には時々このような環境に遭遇します。

ローカル作物のイメージ

ジャガイモは冷涼な気候を、サツマイモは温暖な気候を好むことから、

第2章 サツマイモの植物学

ジャガイモは欧米の先進国で、すなわち北半球の温帯から亜寒帯にかけて広がりました。一方、サツマイモは熱帯の発展途上国や温帯の東アジアで広がりました。そのため「サツマイモは田舎くさい」、つまりローカルで貧しいイメージを持たれたと思われます。しかしサツマイモは環境適応性が強く、栄養豊富で、加工適性にも優れています。小麦、米、トウモロコシ、大豆、ジャガイモ、キャッサバ、サツマイモと、「世界7大作物」の一つに入っています。やせた土地でもよく取れて、洗ってすぐに食べることができる。特別な調理や加工をせずとも生で食べることもできる。これは他の作物にはない優れた特性でしょう。

ジャガイモの分布との重なり具合

ジャガイモは寒さに強くて暑さに弱い、サツマイモはその逆だといわれていますが、どちらも広い適応性を持っています。単に作るだけならジャガイモは亜熱帯まで栽培できますが、収穫後、低温にしないと腐りやすいし、芽も出てくるので奄美あたりまでが限界になるでしょう。

一方、サツマイモは平均気温25℃が3カ月程度あれば収穫可能で、北海道の中・南部まで作ることができますが、でんぷん含量が低くなってしまい食味が落ちます。おいしいいもができるのは福島までだと思います。

中国でも黒竜江省(こくりゅうこう)あたりで栽培しているようですが、おいしいのは遼東半島(りょうとう)(東北地方とほぼ同緯度)あたりまででしょう。アメリカではノースカロライナ州以南とカリフォルニア州がサツマイモの産地です。南米ではペルーやブラジルまでで、アルゼンチンやチリではほとんど作られていません。ニュージーランドも南極に近い南島ではサツマイモは作られていません。ヨーロッパではラテン国家のポルトガル、スペイン、ギリシャ、イタリア、それから中東のイスラエルなどの地中海沿岸地域が産地です。そこから内陸部に入ると、もうジャガイモの領域です。

温帯での正しい栽培法

温帯に入ると栽培法が変わって、作業も手が込んできます。種いもを温かい貯蔵庫（12～15℃）で保存し、春には暖かい苗床（28～30℃）に伏せこんで萌芽を促して育苗します。伏せこんでから2カ月くらいすると、苗が30cm以上に伸びてくるので、ハサミで切って、ポリフィルム製の黒いマルチを被せた畦に定植します。あとは秋までそのまま。害虫が気になれば農薬をまくこともあります。

このようにサツマイモが暖かい南から寒い北に向かって広がっていくためには栽培法（特に育苗法）の大きな転換が必要でした。このことはイネについても同様ですね。稲作は日本で開発された温床育苗により、北へ北へと広がりました。資料は見つかりませんが、明代の中国ではサツマイモを北方に広げるために苗床を作っていたと思います。またニュージーランドの冬はけっこう寒いので、サツマイモを持ち込んだポリネシア人のマオリ族はいもの貯蔵や苗床作りを考案したと思います。イネとは違って、日本のサツマイモの基本的な栽培法は海外（おそらく中国）から導入したものでしょうが、これまでの調査では確認できていません。

初めに植えるのは種いも、それともツル？

サツマイモはツルを植えても、種いもを植えても、作ることができます。これもサツマイモならではの面白い特性です。

いま日本ではジャガイモと同じように、苗を植えないで小さないもをそのまま植え付ける直播適性品種の開発が進められています。従来のツル植えだと、育苗や採苗、それに定植などの作業に手間と時間がかかるからです。

ツルの場合は節から出てくる根が膨らんでいもになります。種いもの場合、現状ではいもをそのまま、あるいはカットしてから植えますが、種いもそのものが大きく膨らんでしまい、子いもが付かないことが多いのです。大きくなった親いもはあまりおいしくありません。しかし、親いもから出たツルにいもが付くものや、親いもから出た根が子いもとして大きくなるものなど、とても興味深い品種もあります。とはいえ、ツルを植えたほうが形の良いいもがたくさんでき、収量性も良好という状況です。

品種の特性がよく現れたきれいないもを種いもとして使うことがポイントで、曲がったものや色が斑なものは使わないようにします。ウイルス病に罹ったいもは細かいヒビが入って表面がざらざらしていたり、くびれていたり、色が斑であったりします。最近ではウイルスフリー苗といって、前出の茎頂培養によってウイルス病を除去した苗も販売されています。

種いもから出たツルを1節ごとに切って、土に挿すと、節から脇芽が出てきて長く伸びるので、それを切り取って植えれば苗をかなり増やすことができます。種いも1個から8節くらいの苗が10本取れるとして、1節ずつに切って増殖を2回ほど行えば、600本以上の苗が取れるでしょう。

大きめのサツマイモを数個に切って、ジャガイモのように植えておくと、いもができます。ジャガイモの場合には、芽のないところで切ったいもは植えても芽が出ません。これは「定芽」といって、芽の出るところが初めから決まっているからです。しかしサツマイモでは切ったいもの皮のところから芽が出てきます。これは「不定芽」といって、皮の部分のどこからでも芽を作り出すことができる性質によるものです。もちろんサツマイモでも芽が早く出る場所というのは初めから決まっています。それはいもの根元のほう。つまり、いもツルに近い（地表に近い）ほうです。この部分から一番に芽が出てきます。「頂芽優勢」といいますが、ここを切り取っ

てしまえば、芽の出る優先順位が消えて、どこからでも芽が出るようになります。切らないと他の部分からなかなか芽は出てきません。

サツマイモ直播への試み

サツマイモの生産に必要な労働時間の大半は植え付けと収穫です。最近、収穫は大型の専用機で行う農家が増えてきました。しかし、植え付けは依然として手作業です。ジャガイモのように、種いもを使ってそのまま定植する――つまり、直播栽培が可能となれば、育苗や採苗を含む定植作業が大幅に省力化されることが考えられます。食用品種では外観が重要となるので直播栽培とはならないでしょうが、でんぷんや加工用では十分に可能です。

現在、サツマイモを直播栽培している国はありません。直播栽培に適した品種はまだ極めて少ないですね。**ナエシラズ**は中国農業試験場（広島県福山市）のサツマイモ研究者が開発した先駆け品種ですが、収量性が十分ではなかったことと、でんぷん原料用としても青果用としても特性が中途半端だったために普及しませんでした。

でもその後、私の研究室で**ムラサキマサリ**や**タマアカネ**を使って50g以下の小さいいもを直播したところ、挿苗と同じような立派ないもが取れました。50g以下のいもは商品にはならずに廃棄されていますから、これを種いもに使えば無駄がありません。普通の品種では、小さな種いもを直播しても種いもだけが巨大化し、子いもが着生することはありません。たとえ子いもができたとしても形が極端に崩れたり、ひびが入ったりして利用には適しません。ちなみに、直播用品種（ナエシラズ）があるのは世界で日本だけです。

第2章　サツマイモの植物学

サツマイモとジャガイモは近親者にあらず

　サツマイモのいもは根、ジャガイモは地下茎。中学校の理科ではそう習いましたが、実感としてはどちらも同じようなものだと思っている人も多いでしょう。でも、やはり違うのです。

　ジャガイモでは地下茎の肥大したところをいも（Tuber／塊茎(かいけい)）と呼んでおり、茎ゆえにこのいもには根がありません。一方、サツマイモでは根が肥大したものがいも（Root／塊根(かいこん)）なのです。そのため、収穫したサツマイモには白い細根がたくさん付いています。もっとも、細根は見栄えが悪く出荷前には取り除いてしまうので、消費者はサツマイモの細根を見ることはできないのですが、いも掘りをしたことのある人はわかると思います。

　つまりは、サツマイモとジャガイモはまったくの別系統の作物なのです。植物分類学上の科もまったく異なり、サツマイモはヒルガオ科、ジャガイモはナス科です。サツマイモに似ているいもは、例えば、キャッサバとかヤマイモなど。これらは根がいもになったものです。

　おなじみの食材で一番サツマイモに近いものといえば、中華料理に用いる空芯菜(くうしんさい)（エンサイ）です。いもはできないのですが、サツマイモと同じイポメア（サツマイモ）属。葉の形はハート状で、ツルが長く伸びるところもよく似ています。でも空芯菜は水が大好きで、水辺でよく育ちますが、サツマイモは水はけの良い所を好むなど適地はまったく異なります。

　ジャガイモとサツマイモは、サルと人類の進化のような深いつながりはありません。ヒトとサルに相当する近い位置（類縁）関係ではなくて、全然別の系列になります。

　分類学で大きな項目からいうと、**生物―ドメイン―界―門―綱―目―科**

—属—種の順で分類が細分化されていきます。同じ属のものより、同じ種のほうが位置関係が近くなります。たしかに、ジャガイモもサツマイモも同じ「ナス目」ですが、その先がまったく異なります。サツマイモは「ヒルガオ科サツマイモ属」ですが、ジャガイモは「ナス科ナス属」です。ジャガイモは茎葉の外見あるいは花を見るとナスやトマトによく似ていますね。それらは種が異なるだけなのです。しかしサツマイモとは「ナス目」までたどっていかないとつながりません。

いもをひとくくりにして生じる混乱は、ヨーロッパにサツマイモが持ち込まれた16世紀頃からありました。当時書かれた本で、サツマイモのことが書かれていると思って読んでいると結局はジャガイモだったり、同じポテトという名前で記されていたり、相当に混乱していました。当時は「スイートポテト」という表記はなされていなかったのです。

そのジャガイモもヨーロッパに導入された当初は大変な目に遭いました。地中にできるため、人々から"悪魔の食べ物"と呼ばれ、見向きもされなかったとか。キリスト教では地面の下には地獄があり、悪魔が棲んでいる

属間交配

　同じ科内であれば、ナシとリンゴ（バラ科）、カブとダイコン（アブラナ科）のように属が異なる植物の間でも、非常にわずかな割合ですが交配（属間交配）することもあります。また、ナスやスイカでは、種の異なる野生種やカボチャを耐病性の台木として接ぎ木利用しています。サツマイモでも数少ない事例ですが、異なる野生種の間で種子（種間交雑種子）を作ることも可能ではあります。

　ちなみに、サツマイモではキダチアサガオを台木として接ぎ木を行うことによって、サツマイモに花を咲かせることができます。そのため温室の中で1年を通して品種間を人手によって交配させ、品種改良に使用するための種子を作っています。

第 2 章　サツマイモの植物学

と思われていたせいかもしれません。それでも勇気を出して食べた人がいたから普及することになったわけです。

生でも食べられる

　サツマイモは生でも食べることができます。ジャガイモの場合は、生で食べると芽や皮の部分にアルカロイドという毒素があるため食中毒を起こします。特に日が当たって緑色になった部分は危険です。腹痛とひどい下痢を引き起こします。

　日本のサツマイモはでんぷんが多くて、青果用でも 25％くらい含んでいます。だから、生で食べたときにかなりザラザラします。しかし、でんぷん含量の低い品種、例えばカロテン系のジェイレッドのでんぷん含量は 20％以下と低いので、生でも食べることができます。また、細くスティック状に切って、軽く湯通ししてから食べるとシャキシャキした食感で、とてもおいしくなります。

3　栄養価とおいしさ

サツマイモの形・味・栄養価

　サツマイモの形は大きく紡錘形と丸形に分かれますが、多くは紡錘形です（p.25参照）。収穫時、長紡錘形などは掘り取るときにいもの先を切断したりして大変です。丸形のほうが収穫は楽ですが、紡錘形のほうが店頭に並べた際に見栄えが良いのでしょうね。同じ紡錘形でも、茎に近い上部が膨らんだ上膨(かみぶくれ)紡錘形と、先端に近い部分が膨らんだ下膨紡錘形がありますが、下膨紡錘形の品種が多いようです。

　サツマイモの栄養や機能性は、鉄やカリウム、マグネシウムなどのミネラル、ビタミンCやB群、それにカロテンなどのビタミン、さらにポリフェノール（アントシアニンも含む）や食物繊維などで決まります。特にオレンジ系の品種はカロテンが多く、紫系の品種はアントシアニンを含むためにポリフェノールが多くなります。

　食味については、かつて「栗よりうまい十三里」といわれ、ほくほく感が強調されました。そのためベニアズマや高系14号のような品種が好まれました。いまは正反対に、やわらかくて、ねっとりして甘いべにはるかやべにまさりのような品種が好まれます。もちろん人によっては甘みの少ない以前のような品種のほうが好きだという人もいます。

　栄養や機能性についての詳しいデータが必要な場合は新品種産業化研究会からパンフレットが発行されていて、ネットで閲覧することもできます。

　ところで、サツマイモはサラダやコロッケに使ってもおいしいのに、ジャガイモと比べてなぜ日常的な食卓での使用頻度が少ないのでしょう

か。2012（平成24）年10月にアメリカ・ルイジアナ州を訪問した折、地元レストランでオレンジのサツマイモ（品種名はボアガードだと思います）で作ったサラダやフレンチフライを食べましたが、実にけっこうな味でした。2016（平成28）年2月に訪問したグアムのレストランではサツマイモとジャガイモの揚げ物をみんなで食べましたが、サツマイモのほうがさっぱりしていて（油分が少ないため）おいしいというのが大方の評価でした。同行した皆さんはオレンジサツマイモのフライなど食べたことがないので、そのおいしさに驚いていました。ジャガイモとサツマイモを用いて同じ料理を作って比較すると、サツマイモの料理が決して劣るわけではありません。ところが現実には出されることがない。人間には理屈じゃなくて食経験や心理的な面から食べ物を選択することがよくあります。沖縄のゴーヤが本土で広まっていったケースがそうですね。ゴーヤを初めて食べると、苦くておいしいとは思えない。でも、いまでは夏の食卓の定番ですよね。ちょっとしたきっかけで火が付けば食卓は変わると思います。いままでのようにスイーツ（お菓子）としてサツマイモを食べているだけではサツマイモと健康とは結びつきません。食生活の中でサツマイモの活用はまだまだ発展途上だと思います。

野菜であり穀物である準完全栄養食品

サツマイモの強みは、穀物の要素と野菜の要素の両方を持っていることです。穀物の要素というのは糖質（でんぷん）、すなわちカロリー源を含んでいるということです。生のサツマイモの場合、糖質は約25％で、ふかした後でも変わりません。一方、乾燥した白米の糖質はもっと多くて70～80％ですが、ごはんにすると水分が増えるので30％くらいまで減少します。一般の野菜を見ると、25％もでんぷんを持っているものはありませ

3　栄養価とおいしさ

表1　作物別の栄養素

成分名			サツマイモ(皮むき/蒸し)	ジャガイモ(蒸し)	米(精白米/うるち米)	大豆(全粒/黄大豆/ゆで)
エネルギー			134 kcal	84 kcal	168 kcal	176 kcal
たんぱく質			1.2 g	1.5 g	2.5 g	14.8 g
脂質			0.2 g	0.1 g	0.3 g	9.8 g
炭水化物			31.9 g	19.7 g	37.1 g	8.4 g
灰分			1.0 g	0.6 g	0.1 g	1.6 g
無機質	カリウム		480 mg	330 mg	29 mg	530 mg
	カルシウム		36 mg	2 mg	3 mg	79 mg
	マグネシウム		24 mg	20 mg	7 mg	100 mg
	鉄		0.6 mg	0.3 mg	0.1 mg	2.2 mg
ビタミン	A　カロテン	α	0 μg	— μg	0 μg	0 μg
		β	29 μg	— μg	0 μg	3 μg
	B_1		0.11 mg	0.05 mg	0.02 mg	0.17 mg
	B_2		0.04 mg	0.02 mg	0.01 mg	0.08 mg
	B_6		0.27 mg	0.18 mg	0.02 mg	0.10 mg
	B_{12}		(0) μg	(0) μg	(0) μg	(0) μg
	C		29 mg	15 mg	(0) mg	Tr mg
食物繊維	総量		2.3 g	1.8 g	0.3 g	6.6 g

出典：HP「食品成分データベース」(文部科学省、最終更新2016年4月1日)をもとに作成。

ん。ジャガイモやグリーンピースでも15％そこそこです。大部分の野菜の糖質は数パーセントしかありません。だからサツマイモは穀物に非常に近いということができます。

　野菜的な要素として挙げられるのは、ビタミンとかミネラル、食物繊維ですね。サツマイモは、ビタミン類としてはビタミンCとかB群、オレンジイモの場合だとさらにカロテン、それに食物繊維としてセルロースやヘミセルロース、ペクチンなど、ミネラルとしてはカリウム、鉄、カルシウム、マグネシウムが多い。緑黄色野菜に負けないくらい入っています。

　白米ばかり食べていると、栄養が偏って人間は死んでしまいますが、サツマイモしか食べなくても死ぬことはありません。サツマイモで足りないのはタンパク質と脂質ですから、大豆あるいは小魚とサツマイモを一緒に食べていれば大丈夫。他に何も食べなくても、カロリーや栄養の面で不足はありません。

　第1章の終わりでも述べましたが、農水省の"不測時の食料安定供給"という食糧プロジェクトのリーダーをやっていたとき、「日本人全員が生き残るために必要なカロリー」を計算しました。一応、1人1日2000kcalを必要量として、これをどうやったら摂取できるか考えたのです。

　まず米はアウト。しかしサツマイモでカロリー計算をすると大丈夫なのです。同一面積からサツマイモは米の3倍ものカロリーを生産できます。しかも肥料や農薬をほとんど使わなくて大丈夫。江戸時代の飢饉の例からもわかるように、サツマイモがあれば日本人は生き延びられることがわかりました。1596年に中国で書かれた『本草綱目』(李時珍著)の中にも「海中（辺）人の寿命が長いのは、穀物を食べないでサツマイモを食べるから」という言葉があるくらいです。

　魚については次のように考えています。大型魚は外洋にいるので、大き

な漁船を動かすための燃料が要る。不測時には当然、燃料も入ってきません。海外から隔離されたときにどうやって生きるかという問題が起きたときに、近くの海や川、沼で小魚を獲って、サツマイモと一緒に食べることを想定しました。

ジャガイモで考えると……

　北の地方だとサツマイモはできないから、日本の北東北や北海道はジャガイモに頼ることになるでしょう。でもジャガイモだけでは栄養面で不足しますからサツマイモ同様に小魚、さらには緑黄色野菜も組み合わせることが必要です。イギリスの伝統食である「フィッシュ＆チップス」は揚げたジャガイモと魚（タラ）ですね。このジャガイモもなかなかに興味深い作物です。

　アイルランドやドイツ、オランダなど北部ヨーロッパでは、飢饉のときにジャガイモが人々の命を救った歴史があり、現在でもジャガイモは大切な食物です。19世紀にアイルランドでジャガイモに腐敗病（おそらく疫病）が大発生したときには、何年も収穫ができなくなり、多くの人々が餓死を逃れてアメリカへの移民を決意したのです。当時、アイルランドの人口の20％が餓死し、10％以上の人が移住したといわれています。

　北欧の場合、寒いので小麦は取れません。せいぜいライ麦までです。だから狩りをしたり、木の実を採取したり、あるいは船で海に出て魚や動物を獲って小麦と交換するしかない。とにかく、あちこち移動して、食べ物を手に入れるという大変に不安定で厳しい生活を送っていたことでしょう。バイキングというと映画などで大海賊みたいに殺伐とした感じで描かれますが、ときに食べ物を盗んでくることはあったにせよ、実際は交易船の人々だったのではないでしょうか。それが、ジャガイモが南米から入って

きたことで北欧の人々に農業が根づき、初めて安定した生活を営むようになっていきました。新しい作物が生活を変えた事例といえます。

サツマイモとジャガイモ――健康面での効能比較

　栄養面や機能性の面では、比較にならないほどサツマイモのほうが優れています。特にオレンジや紫色のサツマイモの機能性は優れています。オレンジいもはカロテン、紫イモはアントシアニンという成分が豊富で、2つの成分ともに強い抗酸化作用があります。ジャガイモにもオレンジ色をしたものがありますが、サツマイモとは成分が異なります。

　ジャガイモとサツマイモは栽培面から見ると、作物としての違いがよくわかります。サツマイモは暖かい所を好むし、一方、ジャガイモは寒冷地向きです。ですから日本や世界でも栽培地が南北に分かれて、食料としては補完的な役割を担うことになりますね。

　サツマイモとジャガイモの収量は生いもの重さでは10aあたり3tほどで同等ですが、乾物収量となるとサツマイモのほうが上回ります。それはでんぷんや繊維などの固形分において、サツマイモのほうがジャガイモの倍近くあるからです。市場単価もサツマイモのほうが高いので、同じ規模だとサツマイモ農家のほうが年間収入は多くなります。農業生産額を見てもサツマイモのほうが多いでしょう。それにジャガイモにはサツマイモのようにブランド品（鳴門金時や五郎島金時のような）は存在しません。ブランド品になると値段が倍以上に跳ね上がりますから、農家は大喜びですよね。

　しかしジャガイモ農業は機械化が進んでいるので、栽培規模を大きくできることは長所ですね。また、ジャガイモは北海道という広い地域で効率よく生産されているので、農家単位の収入はサツマイモの場合をしのいで

いると思います。でんぷん用のジャガイモ生産が北海道ではいまも盛んに行われている理由もここにあります。何といってもサツマイモに比べて生産コストが安いのですから。

大豆・米・麦とは違う安全性

　食の安全性について言うなら、まずアレルギーの問題があります。たんぱく質が原因だからといってすべてのたんぱく質がアレルギーを起こすわけではありません。小麦のグルテンのように、特定のたんぱく質だけが特定の人に対してアレルギー反応を引き起こすわけです。サツマイモがアレルギーを引き起こしたという事例はまったく見当たりません。サツマイモはたんぱく質の含量が少ないわけですが（数パーセント）、そのアミノ酸価は小麦やトウモロコシのたんぱく質よりかなり高く（つまり、たんぱく質が良質である）、植物では最高水準にあります。

　しかし、たんぱく質を分解する酵素であるトリプシンを不活性化する（インヒビター）性質を持ったたんぱく質成分もあるので、生で食べることは好ましくはありません。特に、消化機能の弱いお年寄りや子どもたちには生食はお勧めできません。しかし加熱すれば、この性質はなくなります。また、この成分の量は品種による違いも大きいのです。

4　幅広い用途

　サツマイモの一般的なキャラクターは、収量、食味（甘さ）、病気への耐性、貯蔵性（腐りにくさ）、外観、大きさ・揃いの良さ、育てやすさ・収穫のしやすさなどで決まり、その中で重視するポイントは用途によって違ってきます。また、用途が非常に幅広いのもサツマイモらしいところです。

食用にも非食用にも役立つサツマイモ

　食用なら外観と味が重要です。貯蔵の問題は、10〜12℃に温度管理できる貯蔵庫があれば解決されます。外観は形が揃っていて、ひどく曲がっていたり、傷がなければ販売は可能です。販売できないようであれば、お菓子など加工用として使うことができます。

　焼酎用はでんぷんの量が多いことが重要です。でんぷんが発酵してアルコールになるので、でんぷんが多いほど焼酎が多くできるわけです。また、焼酎メーカーが購入する際、いも価格が高騰しないことも重要で、そのため、収量が多いことも大切な条件になります。10aあたり3t以上取れなければいけません。形は不揃いでも、傷やへこみ、病気がなければ原料として使うことができます。

　でんぷん原料用もでんぷんの量や収量が多いことが重要ですが、でんぷんを取るためには生いもを即座にすりつぶしてしまうので、外観についてはそれほど気にしていません。多少はいもに傷があっても大丈夫です。

　食用と非食用、どちらが多いかというと、戦中から戦後にかけての食糧難の時期には食用（準主食）としての消費が多かったと思います。しかし

米の増産が進むにつれて、次第にでんぷん原料用やアルコール原料用（焼酎用ではない）が増えてきます。昭和40年代に入って、でんぷんやアルコール原料用が減少し、焼酎原料用や食用が増えてきますが、サツマイモの生産量は急激に減少します（p.18の図を参照）。

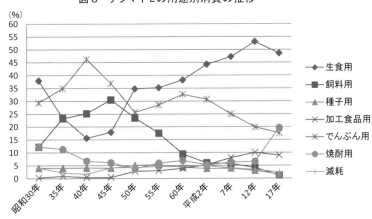

図3　サツマイモの用途別消費の推移

出典：「さつまいもの統計データ」（提供：農水省生産局生産流通振興課）をもとに作成。なお、焼酎用は、45年以前には工業用アルコールを含む。

中国でのサツマイモの用途

世界のサツマイモ生産量を見ると、中国が約7割を占めています（2013年現在）。だから、世界イコールほぼ中国だともいえます。中国のサツマイモは日本とは異なり、食用としてより家畜の餌やでんぷん原料、それと戦略的なバイオ燃料としての用途が大きいと思います。サツマイモを用いた中華料理って、日本人にはまず思い浮かばないでしょう。その他の生産国となると、最近ではアフリカでのサツマイモ生産が伸びています。こちらは主食用なので、あまり甘くない高でんぷんなタイプです。

第 2 章　サツマイモの植物学

　現在は食用が 40％、加工用が 25％、焼酎用が 15％、でんぷん原料用が 10％（すべて鹿児島県）、その他というところでしょうか。余談ながら、霧島酒造で「くずいもや焼酎粕を資源としたバイオマス発電」として使用されているいもは焼酎用の中にカウントされています。

　さて、サツマイモのでんぷんですが、日本では昭和 40（1965）年頃までは九州でも関東でもでんぷん工場が稼働していました。だから、当時サツマイモはでんぷん原料としての利用が一番大きかったですね。全生産量の半分くらいがでんぷん用途に使われてきました。特に九州では工業用アルコール原料の用途もありました（これは専売公社によるアルコール専売の事業の一つ）。工業用アルコールというのは、飲酒用ではなくて、消毒や燃料用、および化粧品・薬品などの原料として使われるものです。

　食用の面でみると、日本では焼きいもやふかしいもがポピュラーですが、世界的には水に入れてゆでてからそのまま食べたり、つぶして食べる、あるいは油で揚げて食べるといった食べ方が主流だと思います。スイーツとしての利用は欧米や中南米でも盛んに行われていますが、せいぜいパイにするくらい。日本のように飴や干しいも、さらには羊羹（ようかん）（p.60〜61 参照）や餡など多彩で高度な技を必要とする和菓子や洋菓子に用いる国はありません。サツマイモの食品加工については、日本がまちがいなく世界一ですね。その中でも 1 番が干しいも、2 番がかりんとう（イモケンピも含む）、3 番がチップス。あとは大学いもやせんべい、いも飴など様々な形に加工されています。なおサツマイモの料理としては、日本の薩摩料理や台湾のサツマイモパウダーを使った麺料理がおいしいことを付記しておきます。これからは紫やオレンジのサツマイモを含めて、ジャガイモのように料理用の品種の開発を考えていかなければいけないでしょう。

サツマイモでんぷんとは？

　サツマイモでんぷんの多くは戦後間もない時期に建設された旧式の工場で作られていました。生いもを大量の水と一緒にすりつぶし、大きな貯蔵池で溜めてでんぷんを沈殿させます。九州の10月はまだ暑いので、でんぷんを取り出す前に沈殿池では腐敗が起き、付近には悪臭が漂っていました。そこから取り出したでんぷんは真っ白ではなく、臭い（腐敗臭）もありました。北海道などのきれいな最新工場で作られるジャガイモやトウモロコシのでんぷんのように白いきれいな食材として使われることはなくて、ほとんどが水飴になったり、ブドウ糖、異性化糖などに加工されてから出回っています。

　しかし、サツマイモから取ったでんぷんの特性は、くず（葛）やわらびなどの高級でんぷん並みに優れていると思います。先頃、開発された新品種**こなみずき**（2012年育成／九州）は、普通より10℃以上低い温度でも糊状になるので新製品開発の足がかりになると思います。このようなでんぷんは、お湯に溶かしてわらび餅にしたときに良いものができます。弾力があって、冷えても硬くならない（老化しない）ので、いつまでもとてもおいしく食べることができます。また、鹿児島のきれいな工場で作ったでんぷんは高品質なので、モチモチ感のある良いいも麺（春雨）が作られています。

　北海道のジャガイモのように近代的な工場でサツマイモでんぷんを作れば高品質なでんぷんができるのに、現状では十分にサツマイモを生かせていませんね。大変残念に思います。北海道ではジャガイモは小麦やてんさいとの輪作をする上で大事な基幹畑作物なので、国の補助金も得やすいのでしょう。

第2章　サツマイモの植物学

　サツマイモ自体はお菓子の素材としてもいろいろなところに使われています。モンブランのマロンクリームなどは、栗ではなくサツマイモのほうがねっとり感があっておいしいですね (p.64～65参照)。また、いも饅頭などの餡はサツマイモと白いんげんの混合です。
　いまよく売れているわらび餅にはサツマイモのでんぷんが入っているし、他にも知らない間にサツマイモをよく食べていると思います。パンや麺にも生いもを乾燥して作ったサツマイモパウダーを入れると口溶けがよくなったり、つるつる感や弾力が出たりして面白いものです。

いも焼酎改良の変遷

　サツマイモといえば、いも焼酎を想起しますね。でも、昔はゴムを焦がしたような臭いがして、私のように南九州以外から来た人間にはとても飲めたものではありませんでした。近くでいも焼酎を飲んでいる人がいるだけで料理がまずくなると、よく文句を言ったものです。色も透明でなくて白っぽく濁っていましたね。
　その原因の一つは、腐ったいもでも原料に使っていたこと。いわゆる「黒斑病に罹ったいも」の臭いが焼酎にうつったといわれています。この他にも蒸留時に焦げ付かせた臭いなども焼酎にうつることが問題でした。現在ではサツマイモの選別を厳格にして、病気のいもや腐ったいも、傷のついたいもなどを排除しています。また、焦げにくい減圧蒸留法などを採用したり、フィルターを通すことで、透明で雑味の少ないスッキリしたいも焼酎が作られていて、まさに隔世の感があります。
　いも焼酎は、血液をサラサラにする成分が含まれていて、"体に良い"という情報がネットにあふれており、こうしたことでものすごく売れるようになったのです。いも焼酎には日本酒のような糖分を含まないので、血

糖値が上がらないことも酒飲みには大きなメリットです。辛いものから甘いものまでいも焼酎にはいろいろタイプが揃っています。でも焼酎の甘さは糖分ではありません。何で甘く感じるのか、本当のところはまだわかっていません。ウイスキー並みの35℃のいも焼酎でも甘いと感じる。これは米焼酎や麦焼酎だととても辛く感じるアルコール度数です。香りの成分については、オレンジイモの焼酎は柑橘系の香り、紫イモの焼酎はバニラに近い香りという具合に解析されています。

サツマイモから工業用アルコール

　ここで、工業用アルコール原料としてのサツマイモについても言及しておきましょう。工業用というのは焼酎として人が飲むためのものではなくて、工業原料用として使われているアルコールのことです。アルコールはものを溶かす力が強いので、医薬品や化粧品の成分を溶かすための原料（溶媒）として工業的に広く使われています（メタノールは人体にとって危ないから使えません）。私が農林省に入って、熊本で勤め始めた頃（1969［昭和44］年）、工業用アルコールはまだ国の専売品（他に塩・たばこなど）で、熊本には専売公社のアルコール製造工場があって、そこでサツマイモからアルコールを作っていました。

　工業用アルコールには天日乾燥したサツマイモ（**農林2号やコガネセンガン**）が使われていました。乾燥したいもは切干カンショといわれ、昭和50年頃までは長崎の離島を中心にたくさん作られていました。国の離島対策の一環として離島の農業を助けていたわけです。いもを切り干し大根みたいに切って、畑に設置した干し場に広げ、おひさまの下でカラカラに乾燥させます。それを麻袋に詰め、熊本の工場に持ち込んでアルコール発酵させ工業用エタノールを作るわけです。「乾燥させたいも」という点が

ポイントです。これなら常温でいつまでも保存ができるし、でんぷん含量も生いもの3倍くらい高くなるので効率的にエタノール発酵が起こります。99％以上になるまで濃縮を続けて最終製品になります。

　ただし、この天日乾燥した原料はいも焼酎の製造には向きません。粉臭（こなしゅう）といって、焼酎の香りが悪くなります。でも、私たちが開発した紫イモの乾燥粉末を製造する方法を使えば香りの改善は可能です。現在、霧島酒造では**アヤムラサキ**から作った紫の乾燥粉末を使って「おいものお酒」という商品を作っています。

　ちなみに中国では、サツマイモをバイオエタノールとして燃料化する戦略的研究が現在進められています。アメリカではトウモロコシ、ブラジルではサトウキビからエタノールを作って迫りくる燃料危機を乗り切ろうとしていますが、果たして日本はどんなエネルギー戦略を持っているのでしょうか。

サツマイモのジュースパウダーとは？

　1990年代初めの頃だったと思いますが、初めて参加したサツマイモの国際会議でフィリピンの研究者がサツマイモのジュース2種類（オレンジ色と紫色）を写真で紹介したことを覚えています。サツマイモからきれいな色の飲み物ができるのかと感心はしましたが、そのときにはまだ私の頭の中ではサツマイモのジュースを作りたいという思いは生まれてきませんでした。

　ジュース化に関心を持ったのは、カゴメのニンジンジュースがブームになり始めた頃（90年代後半）です。トマトジュースと並んで、ニンジンジュース。これからはカラフルな野菜ジュースの時代が来るぞ、サツマイモを使ってカラフルなジュースを作ろうと思ったわけです。しかし、

ジュースといえば汁気が多い果物や野菜が主原料です。それに「いも臭」というのはジュースではご法度といわれていましたから、サツマイモのようなでんぷんが多い原料でジュースを作るとは何事だ、という雰囲気でしたね。

サツマイモをジュースにするには2つの方式があります。一つは蒸してペースト化したサツマイモを水や牛乳で薄めただけのスムージーみたいなドロッとしたジュース、もう一つはペーストをセルラーゼ、ペクチナーゼ、アミラーゼなどの酵素で糖化し、サラサラ状態にしてから圧縮機で搾って作ったジュースです。後者の方法は、宮崎のJA食品開発研究所との共同研究の結果として生まれた技術で、これまでにないジュースの製法です。でんぷんを完全に糖化しているので、サラサラしていて加糖（砂糖や液糖を加えること）しなくても甘いのです。カゴメの野菜ジュースやヤクルトのアヤムラサキジュースはこちらに属します。

現在、各社から販売されているカラフルな野菜ジュースのベースになっているのは有色のサツマイモが多いですね。

サツマイモのパウダーを作ろうと提案したときにも他からいろいろ言われました。古くから、生サツマイモをそのまま乾燥することによってパウダーを作っていました。鹿児島ではコッパと呼ばれ、小麦粉や米粉と混ぜて麺や団子などに使われていました。しかしポリフェノールの作用で、製品の色が褐色になるのが欠点だったわけです。また、天日では乾燥に時間がかかるので香りも悪くなります。そこで私は色が変わらないこと（正確に言えば、変色をカムフラージュ）を考えて、有色サツマイモを利用することにしました。もともと濃い色がついた有色のパウダーならば変色しても目立たないのです。適正な乾燥温度を発見し、できるだけ微細に製粉する方法などの新しい技術（特許）を開発し、JA都城のでんぷん工場跡地に最新のパウダー工場を建てることができました。

蒸したいもを圧延し、乾燥しながら薄くのばしたものをフレークといいます。これを粉砕するとパウダーが出来上がります。すでに加熱処理してあるので、このパウダーはそのまま加工原料として使うことができます。でも、でんぷんが加熱によって糊化しているので、小麦粉と混ぜる場合には数パーセントしか入れられません。多く入れると生地がやわらかくなってベタベタし、製麺や製パンのときに形が取れません。たとえ製品ができたとしても甘くなりすぎます。生いもから作ったパウダーの場合には20％くらいまで混合することができます。蒸した干しいもをパウダーにしたものもありますね。長崎県の特産品の「いこもち」がこの製品で、もち米と混ぜて作ります。モチモチ感が強くて、甘いスイーツです。いつまでもやわらかくて、とても素朴な良い味を出しています。

干しいも用のサツマイモ

　干しいもにするためには、蒸した時にでんぷんの糖化が早く進み、甘くてやわらかいサツマイモであることが重要です。いままでは**タマユタカ**が使われてきましたが、いもの内部で糖化が均等に進まないため、干し上がった時にでんぷんのある部分が白く残ってしまいました（これをシロタという）。古い品種の**泉13号**では糖化が早く、見た目がきれいで味の良い干しいもができますが、収量が低いため農家は喜びません。干しいも用品種の**タマオトメ**（2001年育成／九州）、青果用品種**べにはるか**（2007年育成／九州）、**ほしこがね**（2012年育成／関東）などは糖化が速く、収量や形状も良いので干しいもの原料として優れています。

　干しいもは飴色で、甘みが強く、やわらかいものが好まれます。昔の干しいもは日持ちを良くするために長く乾燥させるので、とても硬かったですね。火にあぶってからでないと歯が立たないほどでした。干しいもは健

康食品として海外への輸出も行われています。近頃はオレンジ色や紫色の干しいもも見かけるようになりましたね（p.62～63参照）。

サツマイモの麺

　サツマイモを使った麺は、マイナーですが日本にも昔からありました。2009（平成21）年8月に訪問した中国四川省ではサツマイモを使った麺をたくさん作っていました。麺の会社としては中国で最大級、とても巨大で驚きました。蒸しいもと小麦粉を混ぜて作った乾麺やインスタント麺も作っていました。サツマイモから取ったでんぷんを使った麺（春雨）も見ました。生いもをそのまま乾燥させた粉末を使った麺もあります。台湾でもサツマイモの麺はよく見かけますね。

　私は生のサツマイモからパウダーを作る研究もしていたのですが、品種によって出来上がるパウダーにも良否がありました。ジョイホワイトのように変色が少なくて、つるつる感があって、のど越しの良い麺ができる品種もあります。つるつる感だけを出したい場合にはサツマイモのでんぷんを入れるといいでしょう。

　サツマイモ麺には問題もあります。それは、でんぷんを分解する酵素（βアミラーゼ）の活性が強いとコシが弱くなることです。麺を打ったりゆでたりする途中で、この酵素が麺に含まれるでんぷんを分解してしまうので、麺の腰が弱くなります。おまけに麺が少し甘くなってしまうのです。だから酵素活性がない、つまりジョイホワイトのようにβアミラーゼがない品種を使うことが良い麺を作るためのポイントですね。

　東南アジアや中国でよく見かける押し出し麺のようなものを作るなら、サツマイモをメインとして小麦粉や米粉を少なくすることは可能だと思い

ます。でも日本のうどんのように、こねて延ばすタイプの麺では小麦を8割、サツマイモのパウダーを2割くらいにしないと麺を打つこと（製麺）ができません。サツマイモが多いとぼそぼそして生地がまとまらないのです。でも、ゆでた麺は非常につるつる感があって、弾力のあるものができます。小麦だけの麺よりも、もっとつるつるして歯ごたえのある良い麺になります。以前、サツマイモのパウダーを利用するために鳥越製粉（福岡市）と共同研究を行いました。相手の研究者からは「麺やパンの食感がものすごく面白い」という評価を得ました。

　ところで、つるつる感があって弾力のあるうどんが安く売られているのをご存じでしょうか。関東ではこの種の麺はあまり出回っていませんが、以前、九州にいたときにはよく見かけました。これにはキャッサバのでんぷん（タピオカでんぷん）が入っています。このでんぷんを混ぜるとつるつるとした食感、それに腰が強くなってきます。反面、味は薄くなります。でんぷんに味はないので当然そうなります。

　しかし、サツマイモの粉を使ったうどんだと同じような食感が出て、しかも味は薄くならない。そこで研究現場からは面白い麺ができるぞと売り出しを図ったのですが、なぜか上層部が積極的に動かなかったために販売に至らなかったという残念な結果になりました。しかも、この麺の製法は鳥越製粉との間で共同特許を取ったため、他の製粉会社はこの特許が使えず、この件はお蔵入り状態になってしまいました（現在、特許は更新していないので消滅しています）。

　同じようなことが、紫のサツマイモを使ったいも焼酎の場合でも起こりました。企業というのは現行商品が売れているうちは新しいことをやりたがらないのでしょうかね。「いも焼酎というのは黄金千貫（コガネセンガン）で作るものだ」と従来のやり方を重視した固定観念を持ってしまうと、もう新しい個性を持った商品は生まれてきません。「伝統とは守るものでは

なく作り変えていくものだ」「古いものを乗り越えていくことで新しい伝統を作るのだ」というものづくりの原点が忘れられています。科学技術が進歩していく中で、昔の古いものがいつまでも最高だなんておかしいでしょう。その点、霧島酒造は「黒霧島」が売れ行き好調である中で、紫イモの「赤霧島」、さらにはオレンジイモの「茜霧島」を出したのですから、ものづくりに対する執念を感じますね。

サツマイモ世界の流れを変えた研究

　ここで「おさらい」をしておきましょう。

　私たちが取り組んできた加工や機能性の研究は、２つの点でサツマイモに対する見方を大きく変えたと思います。

　一つは、紫やオレンジなどの有色サツマイモに光を当てたことです。加工の面ではパウダー化とジュース化があります。

　有色サツマイモのパウダー化は当初、蒸した有色サツマイモからフレークを作るという鹿児島県の研究者が開発した方法が先行していました。でも、これだと彩色はきれいですが、小麦などと混ぜる量は数パーセントに抑えなくてはいけません。蒸すことによってでんぷんが糖化し、パンや麺生地がやわらかくなるためです。ですからパウダーとして使うというよりも、着色料としての価値しか持ちません。原料の一つとして小麦などと混合して使うためには、やはり数十パーセントの線は確保したいところです。そのためにはでんぷんがそのままの形で維持されている生のサツマイモからパウダーを作ることが不可欠です。

　これまでにも、鹿児島では生のいもを乾燥して砕いた「コッパ」という原料がありました。でも香りが良くないことや製品の変色が著しかったのでそれほど普及していませんでした。そこで私は変色が目立たない有色サ

ツマイモをパウダーとして使うことを考えました。福岡にある鳥越製粉や鹿児島県工業技術センター、後にはＪＡ宮崎経済連の食品開発研究所なども加わった共同研究により様々な製品を開発しました。

　これが使えそうだということがわかった時点で、ＪＡ都城傘下の都城くみあい食品から「でんぷん工場に代わる新規事業でパウダー工場の建設はどうだろう？　国からの補助もあるし」と相談がありました。まさに渡りに船。研究仲間たちの協力があり、1年ほどで生産を開始しましたが、当初の3年間はほとんど売れません。工場の倉庫は在庫の山でしたが、現在紫イモパウダーは立派に定番の食品原料になっています。

　ジュース化については、2000年当時、フィリピンではふかしいもを水と混ぜてつぶしただけのサツマイモジュースを開発していました。でも、どろどろしていて飲みにくい。私は有色サツマイモを使って、よりサラッとしたジュースを作ろうと考えました。最初はカゴメの開発担当者と一緒に生いもからのフレッシュジュースを作ろうと知恵を絞ったのですが、サツマイモのようにでんぷんを多く含むものはジュース原料には使えないとか、いものにおいはジュースではタブーだといった壁が高く、結局、生いもを使うのはあきらめました。

　その後、ＪＡ宮崎経済連の食品開発研究所との共同研究で、蒸したいもと酸素製剤を混ぜてでんぷんの完全糖化を進め、それを搾汁することで甘味料無添加でも甘くておいしいサツマイモジュースを開発することができました。ＪＡ宮崎経済連にはすでに農協果汁という野菜ジュースを作っている会社があったので、製品化はとんとん拍子に進みました。紫やオレンジいもの野菜ジュースはいまでは定番です。また、ヤクルトは**アヤムラサキ**100％のジュース（商品名も「アヤムラサキ」のまま）を販売しています。カゴメではオレンジサツマイモをブレンドした野菜ジュースの販売も始め

ました。大塚食品は「野菜の戦士」という紫とオレンジのサツマイモをベースにした乳酸菌入りのドリンクを販売しています。

　機能性については、紫色色素であるアントシアニンを研究しました。紫色は食品になじまないという業界の固定観念に挑戦することになりましたが、消費者は体に良いものを求めていると私は確信していました。

　ちょうどその頃、熊本県西合志町（合併により現在は合志市）にある加工利用研究室に熊本大学から機能性の研究者である須田郁夫室長が異動して、紫サツマイモのアントシアニンに着目し機能性の研究を始めました。そしてこのアントシアニンには肝機能強化や高血圧予防、血液サラサラ効果などがあることを発見しました。このことについて学会や雑誌に発表すると、紫サツマイモブームに火が付きました。その後、私たちはヤクルトと提携して、肝機能改善や高血圧予防などの機能性について人を対象とした試験を行い、ポジティブな結果を得ています。研究者は論文を書いておしまいではありません。研究成果が世に出て、使われて初めて価値があるものだと思います。

　サツマイモについての見方を変えたもう一つの研究は、**茎葉の用途に道を開いたことです**。日本では、サツマイモの茎葉は栄養や機能性があるのにもかかわらず、収穫時に大部分がそのまま畑に廃棄されています。よくて家畜の餌ですが、栄養があって機能性に優れたものを食べないとは実にもったいない話です（実は2016年に、中国のネットにも同じことが述べられていました）。そこで、エグミがなくて食べやすい、加工したときにも変色しないで青々としている茎葉を目指して研究を進めました。その結果、2004年に茎葉利用専用品種である**すいおう**の開発に成功しました。すいおうは葉にエグミがないので生でも食べることができます。また、再生力が強いので何回でも葉を収穫することができます。

一方、鹿児島県枕崎市にある茶育種の研究室と、サツマイモ茎葉を使った健康茶に加工する研究も進めてきました。また、東洋新薬や熊本大学薬学部の矢原正治先生と共同で青汁化の研究や機能性の研究も進めてきました。東洋新薬は大麦若葉の青汁では売り上げ日本一の会社です。サツマイモでも非常に高品質で飲みやすい青汁製品の開発に成功しました。機能性については、矢原先生が世界で初めてサツマイモの葉にトリカフェオイルキナ酸という大変珍しいポリフェノール成分があることを発見しました。この成分は抗酸化活性が非常に強く、これを含むサツマイモ茎葉は高血糖、高血圧、骨粗しょう症などの予防効果をはじめ、ウイルスや細菌に対する感染防止など様々な機能性を持つことが動物実験などにより確かめられています。

素朴でやさしい"おいもさん"のイメージが、こんなにも大きな可能性を秘めたスーパーフードだったのか！と皆さんの考え方が転換してくれたら、"作者"の一人としてうれしい限りです。

5　サツマイモの実務

この節ではややカタイ記述が増えます。恐縮ですが、もう少しお付き合いください。

収量性を考える

サツマイモ生産国の中でも中国や日本など東アジアにおけるサツマイモの収量は世界で最も高いレベルにあります。さらに日本での収量については、でんぷん原料用や焼酎原料では10aあたり3t、青果用でも2t以上と世界一です。鹿児島県の種子島で7t以上というとんでもない記録もあります。4〜12月までマルチ栽培しているからこその値ですが、熱帯圏にある国に比べて10倍近い高収量ですね。収穫後にサツマイモを並べると、きっと畑がサツマイモで埋め尽くされてしまっていることでしょう。

熱帯ではサツマイモが大きくなって地面がひび割れすると、その隙間からアリモドキゾウムシのような害虫が侵入し、いもを食べてしまうので、4カ月以上畑に置くわけにはいかず、そのため収量が上がりません。日本でも明治時代までは1t以下の収量でしたが、品種改良や農薬、化学肥料、マルチ資材などの技術開発のおかげで世界最高水準まで収量を高めることが可能になりました。

でも青果用サツマイモの場合、収量を3t以上にすることは望ましくありません。収量を高くしようとすると、サツマイモが大きくなりすぎてしまいます。1つ1kgや2kgの大きないもを作っても、誰も買ってはくれません。天ぷら用でも500gくらいまでの大きさが最大でしょうね。青果用ではただおいしいだけでなく、いもの大きさや形が揃っていること、皮

の色が均等に着色していることなど、外観的な要素も考えて品種改良をしなければなりません。実際、あまり大きいいもはおいしくありません。200gくらいが一番おいしいと思います。一方、でんぷんや焼酎などの原料用では、特にひどい形状にならない限り見た目の重要性は低いでしょう。それでもやはり大きすぎることは問題で、カットしておかないと破砕加工する機械が対応できません。また、大きないもは内部が空洞になっていることが多いものです。

こうすれば収量は増えるが……

　サツマイモの収量は栽培期間の長さによって大きく異なります。日本では通常、サツマイモが畑にある期間は5〜10月の180日間です。10aあたりの収量は2〜3tくらいです。多収を目的とする場合は、栽培期間を240日くらいまで延ばすわけです。4〜11月末まで8カ月も畑に置きます。そうすると4tとか5tのいもを収穫することができます。前述の種子島のような暖かい場所では、さらに12月まで栽培期間を延長して7tのサツマイモを収穫したという鹿児島県の熊毛試験場でのデータがあります。

　長期栽培となると肥料もそれだけ多めに使います。必要量を計算して栄養分の収支を合わせます。この場合、長期栽培中にサツマイモが吸収する肥料の量を計算して多めに施肥すればよいのではないかと思われるでしょうね。たしかに初めの年には計算どおりの収量をあげることができますが、翌年にも同じようにたくさん肥料をやって前年と同じくらいのサツマイモを取ろうとしても期待した収量は取れません。毎年同じ土地で多収をあげようとしてもダメなのです。多収になると、肥料以外のよくわからない土の力、つまり地力が低下してしまうとしか考えられません。やはり1年間は土地を休ませ、地力を回復させることも必要なのですね。

ところが、農家の人は毎年ずっと同じ畑でたくさん収穫しようとするから難しいのです。肥料の量を増やすことで2年目まではなんとか対応できますが、3年目以上になったら何をしても元には戻りません。サツマイモでは、2～3tの範囲なら毎年同じような収穫をあげることができます。土地でも人間でも本来のキャパシティーというものがあり、それを超えたパフォーマンスを求めても期待した結果を得ることはできません。私も当初は、肥料や堆肥を与えれば農地は元の力を取り戻すことができると思いました。他にもいろんな条件があって、1年をかけて徐々に土は元の姿に戻っていくのでしょうね。

　まったく肥料を与えない条件で何十年にもわたってサツマイモを作った場合はどうか？　10aあたり400～500kg、品種によっては1t弱くらいは取れます。この量は少ないと思うでしょう。でも、まともに栽培した日本の小麦でも400kg程度ですから。無肥料で増えもせず減りもせず、毎年コンスタントにこれだけ取れれば上出来だと思います。収穫のときに刈ったツルは鋤きこんで土に還元する。それが分解し、サツマイモの肥料となって循環していきます。

　まったく肥料を与えないで作ったサツマイモの後、麦をまくと10cmほどしか生育しません。実を付けることなく枯れてしまうほど土地はやせた状態になりますが、サツマイモの連作なら大丈夫です。これはコストパフォーマンスの面から見ると肥料代はゼロですが、機械の償却とか人件費を考えたときに果たしてこの無肥料栽培のやり方で収支が合うかどうか問題はありますね。肥料代は4000円くらいとしても機械の減価償却を考えると、やはり無肥料で1t作るより、施肥して3t取ったほうが経営的には合いますね。焼酎原料用の場合で計算すると、サツマイモ1kgあたり50円としても、1万円分の肥料で10万円ほど収入が増えるでしょう。

　視点を変えてみると、輸入が止まって食糧が入ってこなくなったとき

でさえ、この無肥料で1tくらい取れるサツマイモの"地力"は頼りになりますね。肥料を使っても600kgしか取れないお米よりずっとたくさんの収量が取れるのだから。日本人が生きていく上で必要なカロリーをサツマイモなら摂取することが可能です。サツマイモの糖質はお米の約3割ですから、パプアのように、1人あたりサツマイモが年間360kg程度あれば、必要カロリー（2000kcal）の60％くらいを補うことができてなんとか生きていけます。

360kgのサツマイモを生産するのに必要な面積というのは、もし10aで2t（現在の収量から見て少し控えめな数字）取るとして、2a（60〜70坪）くらい。この面積が確保できれば誰も餓死しないで済みます。葉も食べることでたんぱく質も摂れるから絶対生き延びられます。食糧危機をネタに"米を守れ！"などと国民を煽らなくても済みますね。

サツマイモはお米と比べて、およそ3倍の人口を養えると思ってください。

過剰な肥料は禁物

サツマイモと肥料についても言及しておきましょう。肥料はメリットだけではありません。多量の肥料を使うと地下水が汚れます。南九州のように火山灰土で水はけのいい地域では、年間に施用する窒素成分の量が10aあたり40kgを超えた場合に作物が吸収しない窒素分を土が保持できなくなります。かつてお茶栽培では、味を良くするために10aで100kgくらいの窒素肥料を使っていました。そうすると60kgは地下に抜け、地下水を汚染してしまいます。葉菜類でもキャベツだと20kg以上やっていたから、年に2回作るとそこで40kgを超えてしまうでしょう。でもサツマイモならほとんど窒素肥料を使いません。青果用では2〜4kg、でんぷん原

料用や焼酎用でも6kg程度です。

　実際に、南九州の畑がサツマイモからお茶や野菜に切り替わっていった時期から地下水汚染が問題になっていきました。私のいた研究所では、浅い井戸を使って長年の地下水の窒素濃度を測定していましたが、ストップがかかってデータを公表することはできませんでした。代わって地下水汚染の元凶にさせられたのは畜産農家です。糞尿を垂れ流しているからこうなったのだというので非難が集まりました。たしかに彼らは家畜の排せつ物を河川に流すこともあったのでしょうね。その結果、河川は汚染されたのだけれども地下水には入っていません。この時期には野菜農家も畜産農家も水を汚染させる元凶でした。その点、サツマイモを栽培する限りは地下水汚染など絶対にありません。こうした事情があったので、私は「南九州にはサツマイモが適した作物」と主張したのです。

　その後、お茶にやる窒素肥料の量を100kgから60kgに減らすことになりました。お茶の根元に少しずつ何回かに分けて肥料を与えること（局所施肥法）により、収量や味を落とさずに肥料の削減が可能になりました。野菜も同様な施肥法によって肥料の量を少なくすることができました。これまで畑全体に肥料を散布していたのを局所施肥に変更しました。野菜を植えるところだけに肥料をやる方式で、そのための機械も研究所で開発しました。肥料を何回かに分けて追肥するとか、あるいは溶ける時間が長続きする特殊な肥料（ロング肥料、コーティング肥料と呼ばれる）を使うなど、いろいろ手間やコストはかかりますが、でも改めるべき道でした。南九州のサツマイモとお茶や野菜との間にはそのような歴史があるのです。

サツマイモと土壌

　サツマイモは北海道を含めて日本中どこでもできます。耕作不適地はあ

りません。ただ、粘土質で水分が多い土壌の場合、いもは大きくなりますが、水をたっぷりと吸うので水っぽくておいしくなくなります。また、いもがあまり大きくなると掘りにくくなります。多収だけを目的とする飼料用途の場合には粘土質土壌でもいいかもしれません。とはいえ、水が溜まる湿地帯はいもが腐りやすくなって不向きです。やはり水はけが良く、やせている土のほうがおいしいサツマイモができます。ブランドものはいずれもそういう土地で作られています。私がいま住んでいる川越付近は水はけがよくて本当にサツマイモの適地だと思っています。

収穫の時には、土がある程度乾燥していないと、重量のある収穫機を畑に入れることができなかったり、収穫したサツマイモに泥がついて、乾くと固まって汚れを落とすのに手間がかかるなど大変なことになりますね。粘土質が強いところでは乾きすぎると土が硬くなってしまって収穫機が壊れることもあります。長崎県はサツマイモの産地の一つですが、赤っぽい山土で強い粘土質のところもあって、頑丈な収穫機でなければ収穫ができないという話を聞きます。鳴門のように砂地だと、手でツルを引き上げることでサツマイモが収穫できますから楽なのです。

サツマイモの貯蔵

「サツマイモは寒さに弱い」。これは一般的に広く知られたイメージですが、必ずしも当たりません。たしかに5℃以下で1カ月以上置いておけば腐ります。しかし、掘りたてのサツマイモというのはおいしくないけれど、冷蔵庫で7℃前後の野菜室に2週間くらい置いておくと甘く、ねっとりとしてきます（これを「熟成させる」といいます）。畑でも気温が10℃以下になると甘みが出てきます。常識とは異なり、ちょっと不思議ですね。

寒くなるとアミラーゼのような酵素が活性化して、でんぷんを分解しま

す。また、スクロース（砂糖）を合成する酵素が働いて寒さに対する抵抗性を高めようとします。冬に収穫したネギや人参などの野菜が甘くなるのと同じ現象です。

　一方、防空壕のような穴倉だと冬でも温度が15℃くらい、湿度も十分に高いので、サツマイモは半年以上もちます。昔の農家がやっていたように、畑に穴を掘って埋めておく場合には3月までの保存が限度でしょう。最近の生産地では温度や湿度の調整ができる＊キュアリング式の定温恒温貯蔵庫を持っているので、秋から夏の時期を含め、次の秋まで1年近く高品質の状態でサツマイモの貯蔵が可能となりました。ジャガイモと異なり、貯蔵中のいもから芽が出ていても安心して食べることができます。10℃くらいの低温室があれば2年くらいは保存できるでしょうが、味の点で保証はできません。短期間であれば5℃くらいでも1カ月くらいは生きていますが、品種によっては2週間ほどで腐る場合もあるので注意してください。とはいっても、サツマイモはやはり寒さに弱い作物ですから、年を越えて保存するためには10℃以上の温度が必要です。15℃以上で保存を続けると、翌年の5～6月くらいになるといもから芽が出てきます。

　サツマイモで問題なのは、イネのように種子を大量に貯蔵できないことです。イネというのは、籾（もみ）状態で種子を乾燥し、低温乾燥条件で貯蔵すれば数年間は楽に保存できます。ところがサツマイモの種いもは長くは保存できません。せいぜい2年くらいです。ですから「緊急事態の時に急激に苗を増やす方法はないか」ということが内閣府から私たちに与えられた研究テーマになったのです（p.57参照）。

　　　　＊キュアリング…サツマイモに付いた小さな傷を治すために、30～33℃の高温で90%
　　　　　以上の多湿の場所に数日間保存すること。傷はきれいに治り、ばい菌の感染による腐
　　　　　敗を防ぎます。

家庭菜園で取り組む人へ

　野菜を作った後、特にキャベツや白菜など葉菜類の後にサツマイモを作ると、ツルばかりが茂っていもが付きません（ツルボケ）。そこで肥料はカリウムを中心にして窒素を少なくします。カリウムは窒素の2倍以上必要ですね。畦は大きく高くし、水はけを良くしてください。畦の高さが低いと硬い地面に当たって曲がったいもができます。また、水が溜まって腐りやすくなります。堆肥などの有機質肥料や石灰資材などによるアルカリ調整は特に必要というわけではありません。ミネラルが多いとおいしいいもができるので、籾殻燻炭やミネラル分を多く含むミネカルのような鉱物質肥料の活用も有効ですね。

　いもの成長を促すために必要なのは、カリウムを多く含む資材です。昔は草木灰がよく使われていました。豚糞などもカリウムが多く、サツマイモに適しています。

　いま、私は籾殻燻炭を使っています。これはホームセンターで手に入りやすい。草木灰は最も望ましいのですが、値段が少々高いのが難点でしょう。サツマイモの生育に必要な窒素はかなり少なく、青果用のように収量より品質を重視する場合、10aあたり2〜3kgの窒素量で十分です。原料

江戸時代の粋な芋

　江戸時代など甘いものが貴重で、果物以外の甘味はなかなか手に入りませんでした。そんな折に、生だと甘くないサツマイモが熱を加えると甘くなることは、ものすごく不思議なことだったのではないでしょうか。砂糖を使わなくても甘くなるサツマイモは庶民に貴重なスイーツだと思われていたことでしょう。私の友人である吉元誠博士（元鹿児島女子短期大学教授）が文献調査を行ったところ、サツマイモから飴を作って食べたという江戸時代の古い記録が多々出てきているということでした。

用の場合は豆類と同程度の 5kg くらい与えたほうが多収となります。他の作物だと 10kg くらいの窒素が普通ですが、サツマイモは何トンも取れる割には肥料が少なくて済む。なぜかというと、サツマイモの茎には空中窒素を固定する菌（内生菌）が棲んでいて、サツマイモに窒素成分を供給しているからです（p.71 参照）。これもサツマイモならではの特性でしょう。

6 世界のサツマイモの品種

サツマイモの品種は何種類？

　世界全体で、遺伝子として保存されているサツマイモの栽培品種は2000〜3000点ほどでしょうか。日本で保存されているのは1000〜1200といったところで、野生種まで含めると1500点くらいですね。農水省や大学の先輩たちが1960年頃から世界中を駆け巡って、一生懸命に集めた財産です。

　日本で1000点以上のサツマイモの遺伝資源が保存されてきたというのは、けっこうな量ですね。これは人々が昔からサツマイモの使い方、食べ方を飽くことなく研究してきたからでしょう。もともと日本人は何をやるにしても"おたく"的ですよね。そのために世界からいろいろな品種を集めて、懸命に特性を調べたのではないでしょうか。そうした日本人のマニアックな努力の賜物だと思います。

　ちなみに中国では2000点以上集めたそうです。おそらく育種素材（交配のための親系統で、農家で栽培する品種ではない）も含めてのことだと思います。中国は広くて、あちらこちらの研究機関でサツマイモも育種改良しています。そこここで作られている育種素材の数もきっとケタ外れに多いのでしょう。

　いもが付く品種の場合は、毎年苗を植えて秋に収穫したサツマイモを貯蔵庫に保存します。いもが付かない品種では、鉢に苗を挿して温室内で保存しますが、年に数回は伸びた苗を剪定したり、古くなって生育が劣化した苗を植え替えたりで、けっこう手間がかかります。培養した小さな苗を試験管内で保存する方法もありますが、半年ごとに植え替えが必要になる

など、まだ長期保存への対応はできていません。品種によっては培養した細胞から人工種子のようなものを作って冷凍保存することも可能ですが、多くの品種では人工種子がうまくできていません。

そういった保存中に相当数の品種がなくなっています。私が研究を始めた頃に比べると、もう何十という品種や系統が消滅していることでしょうね。また、畑での栽培中に品種がわからなくなってしまって、同じ名前でも特性が元の品種とは違っていることも多々ありました。実にもったいないことです。

具体的に言いましょう。いもを作るために苗を畑に植えるとします。最近の品種は植えた近くの畦の中にいもができますが、古い品種では植えたところではなくて、ツルが伸びた先のほうのところにいもができたりします。そうするとどれが元の品種のいもなのかがわからなくなります。品種の特性をよく知っているベテラン研究者が遺伝資源の保存に関わればよいのですが、熟知しない若いスタッフが遺伝資源の保存を担当していた場合、いもを収穫する際に品種や系統を取りまちがえてしまうこともあったので

サツマイモとＦ１戦略、遺伝子組み換え

遺伝子組み換えやハイブリッド（Ｆ１）種子といった多国籍企業の戦略は、まだサツマイモには及んでいません。というのも、サツマイモを作っている国は日本やアメリカを除けば、先進国という金持ち国ではありません。最も生産量の多い中国も、実態はまだ新興国の一員でしょう。そんな貧しい国々に対してＦ１のように高価な種子を持っていっても売れません。また、サツマイモはいもヅル式に増えていきます。Ｆ１種子からツルを伸ばして節のあるところで切れば、どんどん増やすことができるので、翌年からはもう苗を購入する必要はありません。このことについてはサツマイモの特性が幸いしていますね。

はないでしょうか。私が研究室長のときには、そうしたまちがいが起こらないよう、私が遺伝資源の保存を担当していました。

日本の育種システム

私が入省した1969（昭和44）年には、育種の研究室は全国で3カ所（千葉県四街道市、熊本県西合志町、広島県福山市）あったので、最盛期には20万粒ほど採種していたと思います。花を1個ずつ手で交配していく作業を温室内で行うことはかなり大変です。こういった手のかかる育種システムを持っているのは、いまでも日本だけではないでしょうか。ほかの国は花が咲きやすい品種だけを使うので、遺伝資源の利用範囲が限られてしまいます。日本人ならではの"おたくシステム"こそが、日本のサツマイモ研究を世界一にした理由です。

サツマイモの種子

熱帯圏でもサツマイモの花が咲く品種は6割くらいですから、熱帯圏以外ではサツマイモの花を咲かせることは簡単ではありません。また、サツマイモには「不和合群」という性質があって、同じ群（グループ）に所属する品種間では受粉しても種子ができないのです。だから農家の畑で花盛りになっていても、種子ができていないのです。イネなどは1回交配させると、種子が100粒でも200粒でも取れる。スイカやメロンもそうです。しかし、サツマイモは1回の交配で最高でも4粒しか取れません。実際、4粒取れることはなかなかなくて、平均すれば2粒ちょっとくらいでしょうか。サツマイモはアサガオの仲間ですから、花や種子の形もアサガオによく似ていますが、種子の大きさはアサガオのものよりひと回り小さいですね。

この育種に使うサツマイモの交配種子を取る作業に、日本は莫大なお金を使っています。以前はいもの種子を取るために専属の研究室を鹿児島県指宿市に置いていたほどです。研究者が4名と事務員が1名、それにフルタイムの現場作業員が数名いて、さらにパートの職員が一年中温室の中で交配、採種作業に従事していました。指宿は温泉町ですから、温泉熱を使って温室を温めていました。そのため年中サツマイモの花を咲かせることができました。公務員宿舎のお風呂も温泉というううらやましい環境でしたね。この研究室は宮崎県の都城市へと移転し、育種研究室と統合していますが、都城はけっこう寒いので冬の温度を20℃以上に維持するための暖房費が馬鹿になりません。かくして暖房費や人件費を使ったサツマイモの種子というのは1粒の値段が500円くらいになるでしょう。

「観賞用サツマイモ」の商品化、その将来性

　ご存じの方は少ないでしょうが、サツマイモは美的・趣味的観賞の対象でもあります。つまり茎葉の色や形が面白い、あるいは美しいサツマイモが観賞用の商品として出回りつつあるのです。

　研究のきっかけは、保有しているサツマイモの遺伝資源の中に、いもの特性は平凡以下（収量が少なくておいしくない）なのに、葉の色や形が変わっていたり、花がよく咲く品種（日本では通常のサツマイモに花が咲くことは稀）があったことです。

　葉の大きい品種をビルの屋上緑化や、都市緑化の素材として使えたら面白い。なんとか利用できないかと考えました。最初は、交配をしないで、手持ちの遺伝資源から面白いと思うものを選抜しました。観賞用サツマイモが商品になったのは、1995（平成7）年頃ではなかったかと思います。私と三和グリーン（鹿児島県鹿屋市）との共同研究の結果、花が咲くサツマ

イモ品種花らんまん、葉色が黄緑色のスイートライン、それに斑入りのスイートガーデンといった3品種が開発されました。そのあと観賞用品種開発の研究はサントリーフラワーズ（サントリー系の子会社）に引き継がれました。サントリーとの共同研究の成果として葉色が濃紫の2点（九育観1号、2号）が開発されています。

すでに東南アジアでは一般的に公園などに植えて景観を整えるために栽培されていますし、サントリーフラワーズはヨーロッパやカナダ、アメリカなどで観賞用サツマイモを販売しています。

サントリーフラワーズとの間では、都市緑化や夏の暑熱対策として「屋上緑化などが今後重要な課題となる」という問題意識を共有していました。夏の暑さに強く、地表面を覆う能力が高いサツマイモは緑化植物として最適だと思いました。

ただし、同じタイプだけの単一パターンで装飾してもつまらないでしょう。開発には商品としての装飾性や色彩的なセンスが要求されます。葉が緑の品種、黄色の品種、そして紫の品種や斑の品種と彩りを揃え、かつ葉の形もハート形、槍形、人の手のように分かれているものなどいろいろ揃え、さらに紫や白の花が咲く品種などいくつもの種類の開発を目指しました。欧米でよく売れていると聞いています。

日本の成果を見て、アメリカのノースカロライナ大学でも観賞用の品種の開発を進め、登録品種を発表しています（私のアイデアを知り合いの研究者に話したことがあるので、早速それを実行したと思います）。観賞用品種の育種では地上部の特性だけを調べればよいこと、特性の発見が環境の影響を受けにくく安定していることから、短期間（数年）で品種育成を完了することができます。通常の品種育成では10年近くかかるのと比べてとても

簡単です。日本でよりも、開放型のベランダの多い欧米での売り上げが伸びています。ベランダからいものツルを下に垂らして、緑、黄色、紫のカーテンを作るということで、建物に色彩を添えることが望まれています。カーテンとは上から下に垂らすものですから、上に伸びるゴーヤは厳密に言えば緑のカーテンとは呼べませんね。

今後、ビルの屋上や壁面、建屋の周辺などの都市緑化にサツマイモを積極的に採用してもらうためには、茎葉がレタスみたいにサラダとして食べられる品種や、土がなくてもいもができる品種などの開発も面白い課題だと思います。

「すいおう」誕生の経緯

葉と茎を食べるためのサツマイモすいおうは、次のようにして誕生しました。

九州は暑いので、夏場は葉菜類（葉もの野菜）ができません。ホウレンソウや小松菜など売っていてもかなり高値ですから庶民には手が届きません。しかし、サツマイモの葉は暑い夏にも青々と育っています。また、泥だらけになった葉に病気が出ることもありません（スイカやトマトなどでは葉に泥がかかるとすぐに病気が発生します）。たぶん、サツマイモの葉には抗菌物質があるのだろうと感じていました。一方、葉には虫がよく付きますし、葉を食べた虫はまるまると大きく育ちます。牛や豚などの家畜もいものツルが大好きです。つまり生き物というのは自分の体に良いもの、栄養のあるものが大好きなのです。

熱帯圏の国々では緑黄色野菜が少ないので、サツマイモやキャッサバの葉をよく食べています。日本では、食糧難の時期にエグミのあるサツマイモの葉を食べさせられ、これはまずい！　というイメージが定着してしま

いました。でも、熱帯圏で食べるサツマイモの葉は、それ相応の品種を使っているのでおいしいと感じます。いわゆる「茎葉利用専用品種」が存在しているのです。

　観賞用品種の場合と同様に、地上部の特性を対象とした品種開発は、いもを対象とするこれまでの育種よりはるかに簡単でした。いもが付く秋まで待たなくても、地上部だけを見て苗床で選抜すればいいのですからね。それに地上部の特性は非常に安定しているので、種子から出る1本の苗からでも特性が判定できます。しかしながら開発した茎葉利用品種は、市場に売り込むのが大変でした。

　「サツマイモの茎葉なんて人間が食べる代物ではない」「うまいとは到底思えない。まして消費者にはそんなものは通じないよ」「畑で伸びている長いツルからどうやって葉だけを収穫するのか」「大変な作業ではないか」「そんな苦労して高く売れる保証はあるのか」などなど。

　そこで私はマスコミの目を引く戦略を立てました。葉の機能性成分を調べ、食べやすい系統を選ぶこと。消費者が健康や機能性に大きな興味を示し始めた時期でした。この戦略はすでに紫イモの開発に際して成功していました。

　ありがたいことに、佐賀県鳥栖市に本部のある大麦若葉生産日本一の東洋新薬が全面的に協力してくれました。この会社は、日本の特定保健用食品の半数以上を所有している健康食品会社です。健康に良い食べ物といっても、特定の時期しか食べないようでは意味がありません。この会社との共同研究により、すいおう粉末が開発され、青汁ドリンクという形で年中供給が可能になりました（p.132〜133参照）。千葉市のデリシャス・ハーツ（前・田口美恵子社長）は100％すいおう粉末にこだわった商品の販売を行っています。健康食品ではこういった通年の販売体制を作っていくことが重要だと思います。もちろん夏の間は新鮮なサツマイモの葉を野菜として食

べることをお勧めします。

アントシアニン品種の用途

　紫サツマイモの機能性のところで出てきたアントシアニンのことにも言及しておきましょう。

　アントシアニンというのは花や葉、それからベリー類などの果実に含まれている赤や紫色の色素です。この色素の色変化が植物の花や葉に色とりどりの色彩を与えています。紅葉とは、寒くなって葉の中にアントシアニン成分が作られることによって起こる自然現象ですね。数ある天然色素のうちで、アントシアニン色素が最もよく食品に利用されています。赤から紫、さらには青まで、酸性の度合いによって豊かな色彩の変化が得られることも、利用者側にとって大きなメリットがあります。

　基本的な構造は植物の種類によって異なりますが、赤という色彩はほぼ同じ感じなので、スイーツや梅干し、ソフトドリンクの赤色を出すために紫キャベツ、紫トウモロコシ、赤ブドウ、赤紫蘇などいろいろな植物を使うことができます。サツマイモのアントシアニンは、シアニジンとペオニ

色素メーカー「三栄源FFI」

　大阪府にある三栄源FFIという色素メーカーは、紫サツマイモ色素の安定性に着目しました。農水省で初となる私たちとの産官共同研究を数年間行い、その結果、世界初の高アントシアニン品種のサツマイモ「アヤムラサキ」（1995年育成）が誕生しました。この品種から製造した天然色素は現在世界中に輸出されて、従来のブドウや紫トウモロコシ、紫キャベツなどの色素を駆逐しています。スーパーに行ったら赤色の食品をよく見てください。野菜色素添加という表示のほとんどはサツマイモの色素のことです。

ジンという基本骨格（アグリコン）を持っています。アントシアニンは酸性溶液の中では赤色を、それから紫色となり、水のような中性溶液では青色に変化します。アルカリ溶液では分解されて汚い褐色になります。サツマイモのアントシアニンはアシル化といって、カフェ酸やフェルラ酸などの有機酸がついた複雑な構造をしていて、ベリー類などによくある簡単な構造のアントシアニンと比べて、光や熱、酸素などに対する安定性が格段に高くなっています。

昔からあるアントシアニンを含む品種、例えば沖縄県で栽培されている**宮農36号**や**備瀬**は食用あるいは加工用です。私が開発した濃い紫色の品種**アヤムラサキ**は、三栄源FFIという色素メーカーの要請を受けて開発した色素抽出用品種ですが、その後、ジュースやパウダーなどの加工用としても使われています。**パープルスイートロード**は紫色があまり濃くはない食用品種です。また、私が所属していた九州のサツマイモの育種研究室では、かつて極薄紫の食用品種**ナカムラサキ**（1952年育成）を開発しました。いもの皮が鮮やかな紅色で、中身は白く、中心部だけが薄い紫色をした品種です。控えめな甘さと上品な食感が特徴です。ツルがあまり伸びないという面白い特性を持った品種ですが、甘さが足りないためにそれほど広がりませんでした。いまでも鹿児島県内で栽培されていると思います。

7　品種改良の世界——いまトップランナーは日本

トップランナーは時代で変わる

　1960年代、サツマイモの品種改良ではアメリカが世界一でした。アメリカの品種改良は日本とは違うシステムによるものです。それを知ろうとして、一人の日本の研究者がアメリカに勉強に行きました。中国農業試験場でサツマイモの育種をしていた小林仁博士です。

　彼はアメリカで、自然に開花するサツマイモ（露地開花性）を見つけました。この露地開花性という特性を持ったサツマイモを使えば、畑に垣根を作ってたくさんの種類のサツマイモを植え、虫の媒介によって自由に交配種子を得ることができます。このような交配のことを「任意交配法」と呼びますが、うまくいけば人工交配より大幅に人手とコストを省くことが可能です。でも世の中はそんなに甘くはありませんね。私はこの研究を引き継いで、種子で栽培するサツマイモを開発しようと10年以上格闘しましたが、収量性が低いことに加え、出来上がったもの形が悪くて結局あきらめました。

　育種というのは、調査を行う中で日々数万という膨大なデータが集まってきます。いまで言うところのビッグデータですね。もちろんコンピュータを使ってその膨大なデータを整理し、統計学的な解析を行います。その結果、どの系統が優れているのかを見極め、選抜して新品種にしようといった判断をするわけですね。アメリカでは統計学が進んでいて、育種学に応用していました。アメリカは"数量経済学"のように数学や統計学を活用した科学に長じていたのです。私は1980年にノースカロライナ大学の遺伝学部に家族を引き連れて留学し、統計学を学びました。

第2章 サツマイモの植物学

　当時は統計学を育種に使う研究手法が流行していました。みんな競って勉強し、論文も数多く書かれたのですが、実戦にはあまり役に立ちませんでしたね。統計的な計算を行うとスマートな論文を書くことができます。コンピュータの統計解析ソフトを使って数値計算をすると、誰からも文句の出ないようなすごくきれいな論文が書けます。しかしそれで素晴らしい品種が生まれるかというと、そんなことはありません。統計学というのは、あくまで過去に起きた事柄を整理したもので、過去を説明するためには優れた道具です。でも自然現象に関しては想定外は当たり前だし、扱っている材料や環境条件が変われば過去のデータは頼りになりません。新しいことを進めるためには、むしろ想定外のことを考えていかないとダメなのです。

　日本には、1000点以上のサツマイモの遺伝資源があるのだとはいっても、それらを新しい発想で品種開発に活用するとなると難しかったですね。戦中・戦後の"増産一本槍"や"でんぷん一本槍"の時代には、高でんぷん多収穫の品種を作るとか、ふかしいもや焼きいもに使う準主食用の品種を作ることしか頭になかった。遺伝資源の中から新しい特性を見出して、それを活用して紫色の品種を作ったり、オレンジ色の品種を作ったり、そういうまだ世間にニーズが現れていない研究にはなかなか着手できなかったのでしょう。「本当においしいサツマイモとはどういうものか？」といった、徹底した考察に基づいて新しいタイプの食用品種を開発するという余裕がなかったともいえますね。せっかくたくさんの遺伝資源を持っていてもフルに活用できていなかった。だから宝の持ち腐れになってしまっていたのです。

　2004年に開発した茎葉利用品種すいおうにしても、多くの遺伝資源の中からおいしくて大きな葉を作る遺伝子を持ったものを選んだのです。濃

い紫系のサツマイモ品種にしても、おいしくなくて捨てられかけていた山川紫をもとに改良していったものだし、タマアカネにしてもアメリカから導入したまるでおいしくないオレンジ色の品種 Resist（レジスト）を使って、調理や焼酎原料用という面白い切り口で改良したものです。

ユニークな品種を開発することができるかどうかは、統計学ではなくて研究者の感性によるものだと私は思っています。自分の描いた斬新なイメージに当てはまる品種を創り出す、アート作品と同じではないでしょうか。遺伝資源の中にある一つ一つの品種が持っている特徴をまずしっかりと記憶しておいて、これとこれを組み合わせたらこういう新しい特徴を持った品種が生まれるだろうと夢を描くことが大切です。

品種改良でアメリカを抜く

かつてのアメリカはサツマイモの研究に力を入れていて、高でんぷん品種 L-4-5 や高カロテン品種 Centenial（センテニアル）など様々な優れた品種を開発しています。L-4-5 はいまではいも焼酎用の品種として有名なコガネセンガンの親ですし、センテニアルは日本初のオレンジ系の品種ベニハヤトの親です。また、野生種の研究や育種の手法についての研究も盛んでした。しかしアメリカではサツマイモといえばオレンジ系が主流でしたから、日本のような黄色系の食用品種の研究には力を入れて取り組んでいませんでした。

日本のサツマイモ研究がアメリカを追い越すようになったのは、私がサツマイモ育種のリーダーとなった1990年以降です。九州沖縄農業研究センターでサツマイモの研究体制を整備し、育種、栽培、機械、加工利用、病虫害などいろいろな専門分野の研究者と連携したチームを作り上げてか

らです。一方、アメリカではノースカロライナ、サウスカロライナ、ルイジアナ、フロリダなど地域や専門分野がてんでんバラバラに研究を行い、チームとしての強固なまとまりが見られませんでした。それにアメリカでは、カロテンを含むオレンジ系の品種以外は興味がないようで、サツマイモの可能性を追求する熱意に欠け、したがって育種目標の範囲も狭いものでした。ペーストにして乳幼児のベビーフードにしたり、パイやケーキを作るときに使うといったような従来のままの考え方から抜け出していませんでした。

世界レベルでの品種改良

国によって好みや用途が異なりますので、すべてにわたりトップを目指す必要はありませんが、現在「品種の開発力」という点では日本が世界最高です。

オレンジ色のカロテン系はアメリカがずっと研究をリードしています。日本はカロテン系の需要がそれほどないため開発が遅れていましたが、食味の良い**アヤコマチ**（2003年登録）や調理用の**タマアカネ**（2009年登録）という世界最高クラスの高カロテン系品種を開発しました。タマアカネは焼酎用にも最適で、霧島酒造から「茜霧島」という名称で商品化されました。カロテンを含むサツマイモは、焼酎の製造工程でカロテンが分解されて柑橘系の香りが出てくるといわれています。紫系の場合には、アントシアニンが分解されて赤ワインの香りが出てくるそうです。

でんぷん原料品種や紫のアントシアニン品種の開発となると、もう日本の独壇場です。特に**アヤムラサキ**や**ムラサキマサリ**など高アントシアニン品種は日本が世界で初めて開発したもので、現在では中国や韓国もこの後を追っています。野生種の利用について言えば、**ミナミユタカ**（1975年

登録）が野生種 I.trifida を交配親として利用してできた世界初の品種です。でんぷん原料用ですから、高でんぷんで多収です。そしてサツマイモネコブセンチュウにとても強いので、交配親としてその後の高でんぷん品種の育成に大きく貢献しています。

　食用品種の開発についても日本は抜きんでています。**高系14号**や**ベニアズマ**、**ベニオトメ**などは甘くておいしいということで、黄色系のサツマイモを好むアジア圏、あるいはハワイやカリフォルニアでも栽培されています。その他、βアミラーゼを持っていないために加熱しても甘くならない品種**サツマヒカリ**も日本が世界に先駆けて開発しました。残念ながら利用目的であるサツマイモのグラニュールが高すぎて売れなかったので栽培は激減していますが、コロッケやサラダには適している品種だと思います。また、すでにお話ししたように、観賞用サツマイモという考え方も日本からの発信です。このように現在の品種改良については日本が世界の先頭を走っています。

　ジャガイモについても少しふれておきましょう。ジャガイモは長崎の**メークイン**や北海道の**男爵**という以前からのブランド名が長いこと通用していますね。新しい品種が発表されるとそれがブランドになるように産地はがんばっています。ただ、**きたあかり**というように品種名だけではまだブランドとはいえませんね。産地の名前も同時に語られなくてはブランド名にはならないと思います。サツマイモの場合は、品種名にさらに産地の名前、例えば、鳴門とか五郎島とか産地名が付くとブランド名になります。**安納芋**ではまだ単なる呼び名で、「種子島の安納芋」となるとブランドとして認められます。

　ジャガイモの成長戦略は、実はサツマイモの戦略をなぞっています。研究の進め方や品種の開発方向もよく似ています。紫イモやオレンジイモな

どのジャガイモも生まれてきていますね。サツマイモとジャガイモは"いも仲間同士"といわれ、人事交流も盛んです。国公立の研究者で構成される「いも類研究会」という組織の事務局が九州沖縄農業研究センター内にあって、サツマイモ・ジャガイモ・サトイモなどのいも類を研究する人たちが九州に年に一度集まって研究情報を交換しています。民間の方もオブザーバーとして参加可能です。サツマイモの研究が先頭を走って、他のいも類の研究にまで広く影響を及ぼしています。

サツマイモ育種の将来

　前述したように、大変な手間ひまとコストをかけてサツマイモの交配作業を行っているのは日本だけです。このことが世界最高の品種を作るための土台となっています。海外のように自然条件下でランダムに行われる交配によって種子を取っているところでは、ハチやアブの存在は重要になります。

　私の心配は、専門研究者の減少と研究組織の崩壊ですね。限られた人員や予算で、農業のあらゆる分野をカバーするようなことはとてもできません。国策としてどんな作物が重要か判断し、将来を見据え、必要な作物には十分な手立てをしていかないと研究は頓挫してしまいます。今後はアジア、アフリカ、南米などの熱帯圏に近い新興国が世界を引っ張っていくといわれていますね。これらの国ではサツマイモは重要作物の一つなのです。新興国への日本の貢献が求められているいま、サツマイモのような重要な作物については育種から栽培、加工、病虫害などの異なる専門分野をグループ化して総合的に研究を進めていかないと、日本はこれまでのように世界をリードできないでしょう。それにつけても、農水省もいつまでも江戸時代のごとく米・麦偏重の研究政策を進めているのでは困ります。

それから世界を回っていて気が付いたことですが、海外にはまだ知られていないサツマイモの遺伝資源がたくさん眠っています。地域にある古い遺伝資源は新品種が普及するにつれて消えていってしまうので、これらの遺伝資源を集めて保存しておくことが重要です。失われた遺伝資源は決して戻ってはきません。

サツマイモの蜜「あめんどろ」
機能性も風味も世界レベル

語り手
農業法人 唐芋農場
代表 別府大和さん

所在地：鹿児島県南九州市
TEL：050-3786-4132
設立：2013年7月
http://www.karaimo.co.jp
●都内のアンテナショップ
あめんどろや本店
TEL: 03-3827-0132
あめんどろや imo cafe
TEL: 03-5834-2632

日本の蜜ここにあり！

　日本人が食べる蜂蜜はほとんどが中国産、メープルシロップはカナダ産。僕らの夢は、サツマイモで作った日本の蜜で世界の糖蜜市場に新風を吹き込むことであり、現在はサツマイモ100％の無添加蜜「あめんどろスキートポテト・シロップ」が主力商品です。

　あめんどろというのは知覧町（南九州市）に昔から伝わる疲労回復の芋蜜です。この製造元が廃業という事態になり、地元で引き継ぐ農業法人を立ち上げました。その際、従来の製造工程では麦芽による「えぐみ」が難点でしたが、山川理博士（この本の著者）がサツマイモに含まれる糖化酵素「βアミラーゼ」を活用すれば改善可能だと指導し、全国販売にふさわしい商品となりました。

　蜂蜜やメープルシロップの甘さはショ糖ですが、あめんどろは優しい甘さの麦芽糖です。その抗酸化作用（特に紫イモ）は蜂蜜やメープルシロップの数十倍です。その他にもビタミンやミネラルが豊富で、食物繊維はあめんどろにしか含まれていません。肝心の風味もパリの料理学校でテストし、好評を得ていました。

世界の檜舞台で実力を証明

　こうした実力が2015年開催の"食の祭典"ミラノ万博で発揮されます。10月下旬に会場内で開かれた「世界洋菓子コンテスト」で、日本が本場の国々を退けて優勝を果たしました。当然、その陰には"秘密兵器"あめんどろがあったのです。

　日本チームの監督は日本在住20年余のイタリア人シェフ、マルコ・モリナーリさん（写真：チーム4人の右端）です。監督は、日本人以上に芋蜜の可能性を評価し、「チーズや柑橘類など日本人が思いつかない食材と組み合わせれば、きっと西洋のグルメを唸らせるはず」と考えたのです。そして津田励祐（チョコレート部門担当）、中野賢太（焼き菓子・飴）、江守宏之（ジェラート）らパティシエ各氏には、欧州出身の審査員の舌を考え、あめんどろをフレーバーあるいは隠し味として用いるように指示しました。

　結果はイタリア、オーストリアなど強豪国を抜き、総合優勝の栄誉に輝きました。芋蜜の実力は"まぐれ"ではありません。モリナーリシェフは万博終了後の11月、10年に一度開かれる「世界パスタコンクール」（ローマ）に単身参戦。ここでも、ゴルゴンゾーラチーズにあめんどろを合わせたソースで3連覇を達成しました。

ただいま販路拡大中です

　販売についてもふれておかねば。あめんどろは2013年の12月に鹿児島県内で発売を開始。現在は年間100tの生産規模ながら県知事賞を受賞し、鹿児島空港、JR鹿児島中央駅などで順調に売り上げを伸ばしています。14年8月には東京・千駄木にお芋スイーツと芋蜜専門店「あめんどろや本店」を開店、16年3月にはモリナーリシェフとのコラボによる芋蜜を用いたパンツェロッティ（揚げピザぱん）とお芋スイーツの専門店「あめんどろや　imo cafe」もオープンしました。

　輸出先としては、食の安全に世界一厳しいフランスに売り込みをかけています。サツマイモの潜在能力は高く、体にやさしい食品は必ず国境を超えると信じています。

サツマイモ若葉「すいおう」青汁素材として活用

語り手
株式会社 東洋新薬
研究推進室マネージャー 北村整一さん

所在地：福岡県福岡市博多区博多駅前 2-19-27
TEL：092-411-3555
設立：1997 年 9 月
http://www.toyoshinyaku.co.jp/
健康食品・トクホ・化粧品などの研究開発、商品企画・設計、製造を行う。トクホ許可取得ランキング 1 位 (2016 年 12 月時点)。

グリーンスムージーが海外で人気

近年、「青汁」の市場は右肩上がりで、"1000 億市場"といわれています。実は、ニュースでもよく話題になっていた中国人の"爆買い"、これが電化製品や高額商品だけでなく、青汁にも及んでいます。また、ここ数年、欧米ではセレブの間で「グリーンスムージー」が流行しており、国内の雑誌にも紹介されるなど、おしゃれな若い層に青汁が受け入れられています。

青汁は東洋新薬の主力製品の一つでもあります。青汁といえば、素材は大麦若葉やケールが有名で、この 2 つが青汁市場の約 8 割を占めます。その他に長命草・ヨモギ・アシタバ・クマザサ・ゴーヤなどがあり、近年、青汁素材の多様化が進んでいます。サツマイモの品種「すいおう (翠王)」も青汁素材の一つです。

サツマイモを青汁の素材として使うというと驚かれるかもしれませんが、青汁に使うのは、皆さんが普段食べている部分ではなく、茎葉部分です。もともとサツマイモの茎葉は、ビタミン・ミネラル・食物繊維が豊富で、韓国や東南アジア諸国では栄養価の高い野菜として食されています。すいおうは、1400 種近い品種を交配・選抜し、茎葉をおいしく食べられるように改良した品種です。

「すいおう」のユニークな食後血糖値上昇抑制メカニズム

　すいおうはホウレンソウよりもカルシウム・カリウムなどのミネラルが豊富で、ビタミンB2はトマトの約8.5倍です。ポリフェノールの一種であるトリカフェオイルキナ酸を特徴的に含み、強い抗酸化力を誇っています。

　当社で被験者60名を、ごはんとすいおう青汁（粉末状にしたすいおうを水に溶かしたもの）を摂取するグループ、ごはんと水を摂取するグループに分けて、食後の血糖値上昇を調査しました。その結果、ごはんと水を摂取したグループと比較して、すいおう青汁で食後の血糖値上昇が有意に抑制されました。

　また、青汁の素材の中には食後の血糖値を下げることで有名な「桑葉」がありますが、桑葉とすいおうを比較した実験では、ショ糖（砂糖の主成分／スクロース）においては桑葉もすいおうも食後の血糖値の上昇を抑制する作用がみられたのに対し、ブドウ糖（炭水化物／グルコース）においては、桑葉には抑制作用がなく、すいおうだけが抑制作用を持っていることが分かりました。つまり甘いものや炭水化物が好きで、食後の血糖値が気になる方や野菜不足を感じている方にとって、すいおうはまさにピッタリな青汁素材といえます。

医薬品分野でも注目のホルモンGLP-1

　すいおうは、GLP-1という消化管ホルモンの分泌を促すことで血糖値上昇を抑制します。GLP-1は糖尿病治療薬のターゲットとして医薬品業界でも注目されています。GLP-1は小腸で分泌され、血糖値が高いときにインスリン分泌を促して血糖値を下げます。サバなどの青魚に含まれるEPAもGLP-1の分泌を促すといわれており、テレビ番組で取り上げられた際には、一時店頭からサバ缶がなくなったそうです。すいおうにはその他にも美白作用や骨粗しょう症改善作用、高血圧抑制作用などがあります。これからも、すいおうの魅力を生かした商品を作ることで、皆さまの日々の健康のサポートができればと願っています。

第3章　サツマイモの農政学
──日本人の食生活

　サツマイモの農政については、第1章の戦後史や第2章のサツマイモの品種とも深く絡み合っているのですが、独立した章としました。

　まずはサツマイモを取り巻く農業政策全般について考えていきます。多少専門的で堅苦しくなるので、一問一答の形で進めていきましょう。

第3章　サツマイモの農政学

1　日本の農政とサツマイモ

日本農政の骨格

Q：日本の農業のあゆみをかいつまんで話してください。

　日本の経済を見ると、鎖国から開国に転じた明治維新以来、農産物が近代化に果たしてきた役割はとても大きいのです。日本は絹や綿、お茶やみかんなどの農産物を海外に輸出し外貨を稼ぐことで、金属やエネルギーなど不足している天然資源、そして海外の優れた工業製品を購入してきました。天然資源や優れた工業製品のない時代の日本にとって、こういう農産物関連商品しか海外に向けて販売するものがなかったわけです。

　農林省（1978年に農林水産省と改称）は輸出用の農産物を梃入れ(てこい)するために技術開発もしたし、補助金を出すための新しい法律を作って支えてきました。この政策はまちがいなく成功しましたね。こうして稼ぎ出したお金を元手として、日本は工業化を進め、工業大国になったのですから。

　第1次大戦後、やっと欧米列強と肩を並べるほどの強国になったと思ったのも束の間、愚かな太平洋戦争に突入。敗戦ですべてを失い、あげくに食糧難です。飢えた国民みんなが「お米を、お米を」と言い始めました。農林省は食糧庁を作り、食糧管理法（食管法）などの法案を整備し、主食となる作物の流通を統制して、「とにかく日本人が飢えないように」という食糧管理体制を作った。これが配給制ですね。

　農家は取れた米をすべて（自家米を除く）国に供出するという義務を負いました。国民は家族ごとに国から米穀配給通帳（1942年に始まり1981年に廃止）をもらって、お米屋さんにそれを提示しないとお米を買うことはできませんでした。とにかく全国民に等しく食糧が行き渡るようにしまし

た。当時の状況を勘案すれば、それは決してまちがった政策ではなかったと思います。でも、育ち盛りの子どものいる家庭ではやっぱり食べ物が不足しました。そこで母親は農家まで直接、食べ物を買い出しに行きました。これは闇取引ですね。もちろん違法ですから、捕まれば全部没収の上、最悪の場合は留置場まで連れていかれたということです。

しかし、敗戦後には一般庶民の餓死者を出していません（闇米を拒否して餓死した裁判官はいたそうですが）。本来だったらあのくらいの敗戦となると、何十万という人が餓死してもおかしくはなかったでしょう。それを乗り切ったのだから、農林省はよくやったと思います。私が大学に入って下宿するとき（1965［昭和40］年）にも母親がこの米穀配給通帳を持たせてくれましたが、すでにお米はいつでも自由に買うことができる時代に入っていました。

ところが、私が大学を卒業する頃になると、今度は米が過剰になってきました。そこで農林省は、米を減らして「選択的拡大」（p.19のコラム参照）という新路線を取ったわけです。しかし、それでも米が余るものですから、1969（昭和44）年には食糧管理制度で決められた枠から外れた「自主流通米」という制度を作って、余った米の流通を認め、食糧管理制度の根幹が崩れました。

選択的拡大については一定の評価ができますが、米の生産過剰の問題を真正面から取り上げなかった点は失策でした。農家に対して、水田に麦や大豆、野菜を植えることを勧めはしましたが、強制的ではありませんでした。麦や大豆は安い値段で輸入されていましたから、当然ながら国内価格も安いでしょう。一方、米の値段は政府が支えています。食糧管理制度によって政府は「全部買い取り」と「再生産が可能な米価を維持すること」が義務付けられていますから、農家は安心して米作りを続けますよね。

第3章　サツマイモの農政学

　結局、選択的拡大の犠牲になったのは、畑作です。戦中戦後に準主食になっていたサツマイモは大きく減少し、価格競争力のない畑作の麦や大豆も減りました。これまでの食糧不足を支えてきたサツマイモの場合は、水田で作る麦や大豆のようには補助金が出ない。でんぷん原料用に対してだけは価格支持制度が適用されていましたが……。

　保守政党の票田である零細（規模の小さい）農家の生産する米はこれまで聖域みたいになっていましたが、最近では高齢のために米作りをやめた小規模農家が大規模農家に水田を貸し出す例も相当増えました。しかし細分されて区画が小さく、あちこちに農地が散らばっていては大規模化による効率性が高まりませんね。逆に減反のように、大規模生産農家の経営を危うくするような政策を取り、米政策全体がちぐはぐになってしまいました。せっかく干拓して大規模農場を整備したのに、一律の減反を押し付けた秋田県大潟村の問題などはその一例です。

　いまやお米は専業農家でなくても誰でも楽に作ることができます。人手をかけないで、"日曜百姓"でもできるようにしようと、研究機関が必死になって省力技術や作業機械を開発したので、サラリーマンが休みの日だけ田んぼに出て、ちょっと手入れをすればお米ができてしまうようになりました。そのため多くの零細農家が米から手を引かない。その結果、大規模化が遅れてきましたが、いまでは少し状況が変わってきています。農村地帯の若者は都会に出ていってしまっていて、もう日曜百姓はできないし、また、したくもない。休日はレジャーや家族サービスに使うことが一般的です。だからほとんどの米作農家は65歳以上で、いま使っている農業機械が壊れるまでの米作りと割り切っています。

豊かな食卓が生むジレンマ

Q：米作りをやめるなら、何を作るのが正解だったのですか？

　そこが問題ですね。「米をやめて何を作るか？」と問われても実際に良策はありません。水田に麦と大豆を作る政策も、取り組む農家がさほど増えなかった。なにしろ麦も大豆も乾燥した涼しい土地を好むので、もともと日本に向いた作物ではないのです。平均反収（1反≒10aあたりの収穫量）を見てみると、日本だと大豆の収量は150kgくらいなものです。ところがブラジルで作れば400〜500kgは取れるわけです。麦でも、ヨーロッパで作れば600kg取れますが、日本は250kgくらい。条件が良い北海道では400kg以上取れると思います。つまり大豆も麦も、湿気の多い日本には不向きなのです。しかも大規模栽培、機械化栽培に適した作物ですから、耕地面積の小さい日本では低コストでの生産は困難です。なんとか経営が成り立つのは、ヨーロッパ並みの規模で経営が可能な北海道の十勝くらいでしょう。

　お米は、アジアモンスーンという雨の多い日本の気候に適している作物です。現在は食味重視のために肥料を抑えて栽培しているので、収量は10aで400〜500kgしか取れないですが、肥料を多く与えて、さらに多収系の品種を使えば1t近く取れるはずです。本来だったら、国民というのは、自分が住んでいる所に適した作物を食べることが、経済性や安全性の面から一番合理的です。

　冬は寒いからといってハウスを作り、石油を使って加温すればコストがかかるし、二酸化炭素も出ます。外で作る場合と違って、ダニやアブラムシ、さらにはカビなどの病気も出やすい環境になりますから、次第に農薬の散布量が多くなるでしょう。私はいろいろな国の農業を見てきましたが、オランダなどの特別な国を除き、無理して農業をしているのは日本くらい

のものです。農薬や農業資材の使用量は世界のトップレベルでしょう。適地適作を考えるべきだと思います。

　昔はものの移動がスムーズではなかったですが、いまはグローバル化して、お金さえあればどこからでも好きなものを買うことができますね。食生活を日本型から和洋折衷型に変えて、食卓を豊かにしてきました。和洋折衷型を追求すれば、日本でうまく生産できないものが必要となるわけですから、この方向に進む限りはどうしたって食料の輸入は増えていきます。
　しかし国民に向かって「日本で作りやすいものだけ食べて生きていきなさい」と言ったら、食卓はひどく貧しくなってしまいます。一方、食べたいものを無理して国内で作れば、コストがひどく高くつきます。総理大臣になった池田勇人代議士がかつて「貧乏人は麦を食え」と言ったけれど、今日「貧しい食卓で我慢しろ」と国民に向かって言う政治家はいないでしょう。そういった中で、日本の農業はどういう形になっていけばいいのか。いまこそ知恵を出さなければいけないですね。

食の安全保障

Q：いまも良策のないまま日本の農業は続いているわけですね……

　輸入を前提としての話ですが、いまの和洋折衷型の食生活で洋食の割合をこれ以上増やすと、たぶん日本の農地は現在の8割くらいで足りるでしょうね。その結果、自給率（カロリーベース）は30％程度にまで低下するでしょう。なぜこんなに自給率が低いのかというと、家畜が食べる穀類（トウモロコシや大麦など）の輸入量がとんでもなく多い（約2000万t）からです。人の口に入る小麦や大豆などの倍近い量が家畜の餌として毎年輸入されています。肉をそのまま輸入すれば自給率は一気に60％強に達する

と思います。

　農水省の2015（平成27）年度の調査でも、約15万haの農地（全体の約4％）が遊休農地あるいは休耕地となっていて、まったく使われていません。また、雑草も取らずにちょろっと作物を作っているふり、つまり「捨て作り」のようなところまで含めると、1割くらいの農地が有効に使われていないのではないでしょうか。

　一方、食糧危機を想定して"食糧安保"という観点から考えていくと、一番生産にエネルギーを使わない、しかもカロリー生産能力が高い作物を選ばざるを得ないでしょう。食糧が入ってこない事態になれば、石油だって輸入することができないでしょう。

　このような事態の最も極端な例としては、日本人のトラウマになっている太平洋戦争時の経済封鎖でしょう。あのときには食糧のみならず、鉄や石油などあらゆる天然資源も入ってきませんでした。鉄も石油もないということは、食糧を作るためのトラクターも造れないし、走らせることもできないわけです。化学肥料や農薬を作るための原料もない。だから、そういう事態を発生させては絶対にいけないということです。

　次に想定される場面としては、生産国が急に不作になったり、港湾労働者がストライキをやって物資の積み出しができなくなったりする事態です。でも、これに対しては対応策があります。多国間を通じた貿易をやればいいのです。輸入先を5カ国くらいに分散して、1カ国あたり最高で30％を超えないような割り当てを考えればよいでしょう。不足分が30％くらいなら日本での緊急な生産対策や輸入対策でなんとか対処できると思います。

　巨大な隕石の落下や火山の巨大噴火によって地球規模で大きな影響が出ているような場合はどうでしょうか。塵や灰が舞い上がって太陽光線を遮ることで低温あるいは寡日照（日照不足）になると、農作物はほとんど生育しません。これはもう地球規模だから対応策がありませんね。みんなあ

きらめてもらうしかないでしょう。たとえ食料の備蓄によって日本だけが助かっても、諸外国から難民が押し寄せて混乱状態になることは避けられません。ともあれ現実問題として一番可能性があるのは、特定の国における不作や港湾ストみたいに一時的に輸入ができなくなるケースです。

　地球温暖化を心配する向きもあるようですが、農業への影響は不確実だと思います。地域によってメリットとデメリットが分かれるでしょう。例えば、日本でも北海道においてはメリットが多いでしょう。暖かくなるから農業生産の幅が広がるでしょう。サツマイモも経済栽培が可能になるかもしれません。九州では熱帯の作物、例えばマンゴーやパパイヤなどが楽に栽培できるかもしれません。でも天候不順がひどくなるのは困りますね。大雨や台風がひどくなると、農業に影響が出ますから。ただ、気象災害は一部地域に偏ることが多いので、農業生産全般ではなんとか調整できるのではないでしょうか。これは日本の国土が北から南まで広く延びているおかげですね。

米作が基準の農業経済体質

Q：米の話に立ち返ってもらうと……

　近世までは土地が経済の基本でした。「一生懸命」という言葉はもともと「一所懸命」といって、武士が自分の領地を命がけで守ることだといわれています。その大切な土地で作る作物としてイネが選ばれました。何万石の大名などといわれ、お米はお金の代わりに武士の俸給（俸禄）にも使われました。

　水田作というのは水のコントロールが極めて重要な農業システムで、地域全体で用排水（一斉に田に水を入れたり、出したりすること）を管理しないと成り立ちません。だから、地域の権力者は水田への用水路や排水路をコ

ントロールする権利を独占することによって、その地域の農民を簡単に支配することができました。畔（あぜ）に大豆を植えることがあったにしても、イネが水田の中心作物でした。

　田に入る水を止められたらイネが育たずに農民は飢え死にするしかないわけです。昔は水をめぐる殺し合い（水争い）もよく起こりました。つまり水を支配すれば、その地域を支配できるからです。このように、中央集権的で封建的なピラミッド型の社会構造を維持する上で、イネというのは便利な作物だったわけです。でも自由人を標榜する私はこういう中央集権的な考え方が大嫌いです。

　水というのは、標高の高い川上からだんだん低い川下の田に下っていくわけですから、上流で水を止められたら下流には水はやってきません。そのため下流の人は夜になってこっそり上流にある田んぼの水栓を抜いて水を下流に流すわけです。現在でも、雨の少ない年には水争いが起こりますよ。いま私が住む川越市はもともと川が多いところですが、雨が少ない時には川の水量が減って水争いが起きたこともありました。

　サツマイモは雨が少なく水はけのいい土地に適しています。種子をまいて栽培する作物だと、4月に種子をまいて、7月に収穫するといった具合に、播種期（はしゅ）と収穫時期が厳密に決められてしまいます。ところが、サツマイモみたいに苗を植えて栽培する作物では、植え付け時期や収穫時期がかなりルーズです。極論するなら、気象条件さえ合えば植え付け時期や収穫時期には2カ月くらいの幅があるので農作業には余裕があります。

　具体的に言うと、サツマイモは4月の終わりから6月の終わりまでの期間であればいつ植えてもかまいません。自分の好きなときでいいのです。田植えのような同時期の播種作業も必要としません。収穫時期も9月から11月までいつでも可能です。もちろん早く植えて遅く収穫すれば、つま

第3章 サツマイモの農政学

り栽培期間を長く確保するほど多収になりますけれど。

農作業における排他性と自律性

Q：米偏重の日本農業　サツマイモ側から見た改革点は？

　米作りには用排水路の整備だけでなく、田んぼを平らにしたり、畔を作るといった基盤整備など大変なインフラ整備が必要です。収穫した後も、籾の乾燥や精米のために大きな施設が必要です。サツマイモは収穫後すぐに貯蔵庫に入れるので、前処理のための施設はこれまで必要ありませんでした。ただし最近は、サツマイモの貯蔵性を高めるためのキュアリング設備（p.111参照）や熟成を促すための保冷施設などを持っている産地も増えてきました。

　とはいえ、サツマイモはどこでも、また誰でも簡単に作ることができます。栽培時期もお米より自由に選ぶことができます。生でも食べることができるし、焚き火に入れただけでおいしい焼きいもが食べられます。調理も簡単で、煮たり、焼いたり、揚げたりといろいろな方法で調理することができます。乾燥させれば保存食にもなりますし、栄養も豊富です。

　これからの日本は、栄養や機能性があって、加工することで高級食品を作ることができる作物、すなわち高付加価値を生み出すことができる作物を中心とした農業政策に転換することが必要です。

大規模メリットがないサツマイモ栽培

Q：日本のサツマイモ農家が比較的小さい理由は？

　サツマイモの場合、個人経営では最大でも100haが経営の限界です。植え付けがすべて手作業になるため、一度に多くの面積はこなせません。

苗床から適当な長さの苗を選んで切り出すとか、凸凹した畦の上に30cmもある曲がった苗を正確な間隔や深さで水平に植えるといった芸当が機械にできるはずもなく、苗の準備や植え付けには人手が大変にかかります。

かつて私は、サツマイモを種子で栽培する（種子播栽培）研究をしましたが、残念ながら実用化には至りませんでした。種子を直接畑にまくわけですが、生育がとても遅くて、大きないもを付けることはできず、収量は挿苗の半分以下でした。種子で栽培できれば、小麦のように数百ヘクタール規模の栽培も可能です。しかし、収穫作業を米や麦のようにコンバインを使って一人で行うということはできません。畦の中から掘り上がってくるサツマイモをツルから離したり、かごの中にそっと置くには人手が必要です。トラクターの上にはオペレータ以外に数人が乗って、収穫作業を行っています。水分が多くてかさばるので、いもを運ぶのも大変です。

アメリカで使っているコンテナは大きくて500kg入りだと言っていました。収穫したいもはそのままコンテナに詰められ、フォークリフトを使ってうず高く貯蔵庫に積み上げられます。経営規模が大きいので貯蔵庫も大型になります。収穫や選別中はいもに傷がつかないよう丁寧に扱わなくてはなりません。つまり、サツマイモは大規模栽培にまったく不向きな作物なのです。

減反に見る日本的対応

Q：減反とはどういうことだったのですか？

減反を進めるための転作奨励金のようなバラマキ制度を作っているのは日本だけです。米さえ作らなければ補助金が出るという休耕奨励政策を行ったのですから、良心的な農家はさぞかし腹を立てたのではないでしょうか。昨今の飼料イネに対する補助金制度もひどい政策だと思います。お

第3章 サツマイモの農政学

米を餌にすると、その価値は10aあたり2万円にも満たないでしょう。そこに税金を投入して農家の手取りが10万円以上になるよう底上げするわけです。もちろん畜産農家には飼料イネを安く渡します。米農家が受け取る金額と、畜産農家が購入する値段の差を税金で補てんする。この制度をどの地域にも適用するわけです。魚沼産のコシヒカリを餌にするという笑えない話もあります。ブランド米として流通すれば大きな価値を生むものが、減反のために餌になる。庶民にはとても手が出ないブランド米が餌になる。こんなことをするより、ブランド米を無制限に作って輸出すればいいのです。

　大豆や麦の自給率はとても低いから少々生産を増やしてもかまいませんが、他のものを作ったらすぐに生産過剰になってしまいます。これまでは、輸入品に比べて価格がずっと高いから輸出もできなかった。だから農家は何も作らないで水田を休耕してしまったのです。米さえ作らなければ休耕しても補助金をくれた時代が続いたからです。もちろん大豆や麦のような転作奨励作物を作れば補助金をプラスしてくれたけど、プラス分はいつまで続くのかわからない。結局、みんな何も作らないほうがましだったわけですよ。もちろん農家が高齢化したことも原因の一つです。なにせ儲からないような農業では後継ぎになる人はいませんから。

　輸入品に対して価格的に不利だから、麦・大豆の生産に対して最初は補助金を積んだのです。輸入した作物の値段を国産価格まで引き上げてユーザーに売って利ざやを稼ぎ、それを特別会計に入れて国内産への補助金としました。補助金を一定期間出すから、その期間内に規模拡大を図り、生産効率を上げて自立しなさいということです。いまの太陽光発電と同じ構図です。新規事業として初めは大盤振舞いをするけれど、何年かするとカットを始める。でも政治というのはそういうものでしょうね。政府からお金をずっともらえると考えること自体がおかしいのだから。

適地適作で行かねば

Q：結局、どういう農業がいいのでしょう？

　前述のことを踏まえ、日本に農業を再構築しようとするならば、まずはそれぞれの地域に適した作物を作ることがベストではないでしょうか。例えば、湿地が多い所はお米にしましょう、乾燥して地味(ちみ)がやせたところはサツマイモを作りましょうという話になっていきますね。現実にはだんだんそうなってきていると私は思っています。

　これまで南九州では、無理してマンゴーのハウス栽培をしてきたけど、現在の輸入マンゴーは桁違いに安くて、しかもおいしい。日本人が海外に打って出て、露地栽培でマンゴーやバナナ、コーヒーなどの熱帯作物をどんどん作る時代が始まっています。物流も良くなっているので輸送中の傷みも少なくて、南九州のものと遜色ない高品質のマンゴーを1個200～300円くらいでスーパーに並べることもできるでしょう。日本人が輸入マンゴーを買って、そのお金で海外の人が豊かになって、今度は日本の商品を買ってくれる。無理して日本で熱帯作物を育てる必要はありません。

　中南米の平野部が原産地といわれているサツマイモですが、10aあたりの収量では日本が世界一高い。サツマイモの栽培に向いているのに加え、品種改良や栽培技術もトップランナーです。日本の農業というのは"さすが日本だ！""これは日本で作ってもらいましょう"と国際的に評価される作物を生産していくべきだと思います。日本のお米の評価は、東アジアではけっこう評判がいいのですが、世界のお米の主流は日本のようなジャポニカタイプではなくて、より粒の長いインディカタイプです。だから輸出量を東アジアから世界に向けて飛躍的に増やすとなるとなかなか難しいかと思います。

第3章　サツマイモの農政学

　これからは生ものをそのまま売るよりも産地で加工したほうがいい。付加価値が高くなってより多くのお金が産地に入ってきますし、新しい雇用も生み出すことができます。国内向けだけの販売ではなく海外にも目を向けて、世界の富裕層も狙った農業を考える時だと思います。でも私は、霜降り牛肉のような健康に問題のある商品を売ることには疑問を感じます。霜降り肉を作るには、本来草食動物である牛に輸入した穀物をたらふく食わせ、牛をメタボ状態にしているわけです。内臓を調べると8割近くの牛に異常があるといわれています。不健康に育ったものを食べるのは良くないでしょう。いま先進国の消費者にとって、食品選択のキーワードは「健康」なのですから、ぜひ健康に育った家畜の肉を供給してほしいですね。

食糧をどう考えるか

Q：日本の農政のポイントはどこにあるのですか？

　肝心なのは、皆さんが食糧というものについてどう考えるかです。私は基本的に、いまのグローバルなトレーディングシステムをちゃんと守り、日本は先頭に立ってこういうシステムを守っていくべきだと考えています。日本で作るよりも安くておいしくて、農薬を使わない食べ物があるのだったら輸入したほうがよいでしょう。新興国の輸出品は農産物しかない場合が多いので、日本のような先進国はできるだけ農産物を輸入して、新興国にお金を回すことも考えなくてはいけませんね。日本は自分の国に適した作物を作って輸出する。そういう国際分業体制の中に積極的に入っていくべきだと思います。

　例えば、ＴＰＰ（環太平洋経済連携協定）とはまさにそのための体制の一つではないでしょうか。一方で、二国間を中心としたFTA（自由貿易協定）も取り沙汰されていますが、これだと国力の弱い国が不利となることが多

いですね。

　日本の自然環境とか景観、治山・治水の問題については、国土の保全や経済的な活用の観点から、つまり農業とは別の考え方で進めていくほうがよいでしょう。実を言えば、農業自体が森林の伐採や沼や海の埋め立てなど自然環境を破壊することで発展してきた産業であり、それを認めないわけにはいきません。国土のあるべき姿を国民がそれぞれに判断して、政治に反映させなくてはいけませんね。

　食糧危機が起こるだろうと声高に叫んで、"日本の農業を守れ"みたいなセンチメンタルな話では問題の解決にはなりません。いま地球上で食糧危機が起きている所は、すべて戦争に絡んだ場所です。農地や設備が荒らされるだけでなく、担い手も兵隊にとられてしまうから大変です。平和に暮らしている所ではどこも食糧危機は起きていません。

　私は新興国を中心に世界20カ国以上を旅していますが、市場に行けば食べ物があふれています。ミャンマーにしてもマダガスカルにしてもフリーマーケットがあって、食べ物が山になって売られています。北朝鮮の場合は、軍備、原爆やミサイルなどにお金を使うから食べ物がなくなるのです。戦争が飢餓を引き起こすということを肝に銘じておいてください。

　ここで一つ提案があります。国土をどう保全するか、美しい自然をどう守るか、余った土地を将来に向けてどう活用するのかについてです。

　高速道路や新幹線のおかげで、いまではどんな田舎へも都会から3時間以内で行くことができるでしょう。都会の人向けに自然と触れ合いつつ農業体験や農業教育をする、といった使い方もあるのではないでしょうか。もちろん農産物の加工体験も含めての話です。2015（平成27）年10月、茨城県行方市（なめがた）（東京駅から1時間程度の距離です）に「ファーマーズヴィレッジ」というテーマパークが完成しました。白ハト食品工業（本社：大阪府）が行方市や農協と組んで廃校跡地に建設した素晴らしい農業体験型テーマ

パークです。サツマイモ加工工場や焼きいも博物館などがあり、建設には私も及ばずながら協力しました。作物の生産から加工までを体験することができます。今後はまだまだ規模が大きくなるようです。

取るべき対応策

Q：農業にとって必要不可欠なものは何ですか？

　作物を作るためには土と水と太陽のすべてが必要だと思いがちですが、本当にそうでしょうか。まず土はなくてもいいですね。スポンジのようなものがあれば、天然の土がなくてもいいでしょう。太陽もLEDの人工光で代用できます。すると最後に残るのは水と空気ですね。だから水や空気はかけがえのない資源として農業でも絶対に守らなければいけません。あとのものは人工物でもこと足ります。

　そういえばアメリカのNASAが宇宙ステーションの中で食糧として何を作ったらよいのかを研究したことがあります。その際、アラバマ州にある私立大学（タスキギー大学）でサツマイモの水耕栽培が成功しました。サツマイモは、いもだけでなく葉や茎など全部を食べることができるから残渣（残りかす）を出しません。イネや麦、トウモロコシなどの茎は食べられないので宇宙ゴミになります。これでは困るので、サツマイモが宇宙では一番の作物ということになりました。

　国土保全や景観を守るからといって、農業を現状のまま残していこうとすると、もう選択肢がなくなります。でも国土をコンクリートで固めることだけはやめてほしいですね。あとで元に戻そうとしても、どうにもならないからです。できるだけ自然に沿った形で活用したほうがいい。日本の気象条件や地理条件に一番適した植物相とか地形があるわけですから。それに沿う形で管理するのが一番いいと思います。

例えば、耕作放棄した土地をそのままにしておくと、最初は雑草が生え、次に低い木が生えて、最後は大きな木が生えてという具合に植物相が変化していきます。日本の温帯地域では最後には照葉樹林（常緑広葉樹を主とする樹林）の状態で安定します。この状態になるまでじっと管理することが一番維持コストがかからないでしょう。いわゆる自然林です。照葉樹林まで移行する間、人間が少しサポートしてやる必要はあると思います。自然に沿った管理を怠ると、スムーズに遷移しなくなって、大雨のときに災害が起きやすくなります。自然林できれいに出来上がっている傾斜地では、豪雨に遭遇しても地滑りなどが起きにくいといわれています。過去に土石流で壊れた被災地は、自然環境に合わないような形で人手が加わった土地だといっていいでしょう。

　一番悪いのは傾斜地に杉を植えた場所です。杉は地上部分が早く成長しますが、根の張りが直線的で不安定です。だから雨が降れば地滑りが起き、崩れてしまう。竹林もそうですね。地下茎が土の表面だけしか張っていないから、竹林は地滑りが起こりやすいといわれています。根の下に水が流れる層ができれば一気に崩れてしまいます。日本は傾斜地が多いので、そこに棚田を作ったり、植林したりしてきました。これからは国の予算が少なくなり、さらに山間地の人が減れば、人工的に自然を作り変えてきた地形が放置され、その結果、土砂崩れが頻発して、これまでの景観を守ることはできなくなるでしょう。

畑作の経営安定を目指して

Q：畑作農政の改善点はどこでしょう？

　日本の代表的な畑作地帯とは、南九州、関東平野、それに北海道の十勝平野ですね。かつての畑作地帯では常に水不足に悩まされていて、干ばつ

に強いサツマイモが主要作物でした。かんがい設備が整備されるにつれ、サツマイモが減少して他の野菜が増えていきました。サツマイモもすでにその多くの野菜の一つとして、国の保護対象から外れたマイナーな作物になってしまいました。

　しかし、一般の野菜作りは気象災害や病虫害の影響を受けやすい上、豊作と不作の差が大きいため価格が変動します。一方で、サツマイモは肥料や農薬の使用量が少ないので生産コストも安く済み、収量や価格が安定しているので農家にとって安定した収入源になります。貯蔵庫さえ完備すれば、周年出荷も可能です。現在、スーパーでのサツマイモの価格は1年を通して、1本（約200g）あたり100～120円くらいの値段で、とても変動が少ないですね。もちろん鳴門金時や五郎島金時などブランド品は1本で200円以上しますが。

　問題は市場流通でしょう。最近、青果物は農家直売での販売が増えていますが、まだ半分くらいが青果市場を通して消費者に渡ります。

　皆さんが普段買っている青果用の市場卸値は、形や色が良いA級品（一般のスーパーにはほとんど置いてありませんが）で1kg200円くらい、B級品では100円以下です。それがスーパーに行くと、B級品のサツマイモは1本（250gくらい）が100円に跳ね上がります。スーパーの焼きいものほとんどはB級品を使っていて、1本200円くらいでしょう。生産者価格と消費者価格の大きな差こそが問題です。どの野菜でもそうですが、農家には消費者が支払う金額の3割くらいしか入ってこないのです。

　サツマイモ専門の流通業者もいます。農家からスーパーや加工業者に渡すことで、市場流通の一部を補っています。ここでは農家と業者が話し合っていもの値段が決まりますから、農家もありがたいですね。これからは農家が価格決定の一翼を担っていく新しいマーケットを作らないと、日本農業の明日はありません。

どの野菜についても言えることですが、品質が同じならば農家が手にする金額は世界であまり差がないようですね。海外から見ると、日本の農業問題は市場流通の問題であることがよくわかります。日本のサツマイモの収量や品質は世界最高水準なので国際的な競争力があります。価格も決して高くはありません。ただし生いもは、先進国の大部分で植物防疫法により輸出することは固く禁じられているので、今後はサツマイモの加工品を世界に輸出することがいっそう大事になってきます。そこに知恵を絞るべき時でしょう。

日本の野菜の問題点

Q：海外を見た経験から、さらに別の課題もありそうですね？

サツマイモに限らず日本の野菜は全般的に、世界標準から見ると「過剰スペック」なのです。美術品として見れば実に見事ですが、そこまで規格を揃えなければいけないのか疑問です。サイズを揃え、徹底して磨き上げ、さらに包装しなければいけないのか。ちょっとでも虫に食われたらダメなのか。裸のまま棚に積んではいけないのか。つまり、不揃いなものを排除し、過剰包装するために高くなるという問題です。売り場で捨てられる野菜や包装材が引き起こす家庭ごみの問題も考えなくてはいけません。

日本では過剰スペックを実現するために、収穫後に様々なシカケを通ります。例えば、高度なセンサーがある選別機を導入する。機械がない場合でも人手をかけて選別します。そこで雇用が生まれるといった利点はありますが、結局は消費者がそれらを負担することになります。

サイズが大きすぎたり、曲がったり傷ついていたり、虫食いがあったりで排除された農産物（B級品より下物）はスソモノと呼ばれ、わけあり商品として格安店やスーパーの特売品になります。味や品質は上物商品（A級・

B級）とほぼ同じですから、消費者にとってはお買い得だと思います。日本のスソモノの品質は新興国のフリーマーケットの水準と同等だと思います。つまり外観的には海外の商品と同じ、でも味は良いということです。

　しかし日本ではスソモノはほとんど流通しません。収穫するときや選果場で捨てられてしまうのです。その割合は生産量の2〜3割に達するでしょう。また、商店で売れ残って捨てられるものも2割くらいあるのではないでしょうか。その分は上物商品の値段に跳ね返っているわけです。農家としては上物をたくさん作るために農薬や値段の高い特別な肥料を使ったり、細かく選別したり、洗浄して磨いたり、きれいな容器に入れたりして世界に類を見ない高級品に仕上げ、商品の価格アップに日々これ努めているというわけです。

　全部売ったほうが農家の手取りが多くなるのか、上物だけに絞ったほうが手取りが増えるのか。ホントは両者を比較した上で販売戦略を立てるべきでしょうね。全部を売り切ったほうが手取りが増える場合もあるかもしれません。でも、流通の人は安いものを売ることは効率性が悪いから嫌がるでしょう。流通の世界で食べている人たちの立場からすれば、どうしても単価の高いものを売りたいと思うでしょう。売り場の広さが同じであれば、高いものを売ったほうが安いものを売るよりも儲けが多くなりますからね。だから生産地に行くと、都会のマーケットには出回らないサツマイモが道路沿いの直販ショップで5kg200円という安値で売られています。日本産はおいしいから、この値段なら加工してから輸出することも可能でしょう。日本は上物ばかりを輸出しようとしていますが、スソモノを上手に加工して輸出することも考えたほうがいいと思います。

　いずれにしても、各方面の関係者が知恵を出し合って生産・販売を考えていかなければ、日本の農業に未来はありません。

2 品種開発の道筋

この節では、サツマイモの新品種開発の実務をお話しします。技術的・実務的な事柄なので、第4章にスキップしてもかまいません。

新品種ができるまで

Q：通常の品種開発の道筋を話してください。

まず、「どんな特性を持った品種を開発したいのか」ということ、つまり育種目標として新品種のあるべき姿（特性）を決めます。

これは、10年先を見越してマーケットがほしいと思う品種の姿をイメージするわけですが、それには消費トレンドを先取りするというクリエイティブなセンスが必要になります。そのため私は「育種家は芸術家である」、すなわちアーティストだと思っています。

次に、新しい品種を生み出すために最適と思われる両親を選び出します。手持ちのコマ、つまり保存している品種（遺伝資源）から選ぶわけですが、記録してある遺伝資源についてのビッグデータを熟知しているかどうかが重要になります。いつ頃、どこから手に入れたのか、病気に強いのか、収量はどうか、でんぷん含量は高いのかなど多くの特性を毎年調査し、コンピュータに保存しています。これが遺伝資源のビッグデータです。

さらに、かつて親として使ったときにどのような子どもを残したのか。優秀な品種を生み出したのか。これは競走馬の血統書と同じで、非常に重要なデータとなりますね。以上のことを十分に吟味して、目的達成のためにふさわしいと思われる交配親を選定します。

日本には冬があるため、サツマイモは花を咲かせる前に死んでしまい

す。そこで温室の中に入れて、キダチアサガオ（アサガオの仲間）にサツマイモの苗を接ぎ木します。接ぎ木して1カ月くらいするとサツマイモの花が咲き始めます。そして一つ一つ手で雌しべに花粉を付け、交配していきます。平均すると1回の受粉で1つの花から2粒くらいの種子しか取ることができません。そのため、育種に必要な交配種子5万粒を集めるのに1年間かかります。ここまでで、育種目標を立ててから3年間が経過しています。

4月になると、交配種子を苗床にまいて苗を育てます。苗は6月には畑に植えることができます。秋になれば大きなサツマイモを収穫できます。

サツマイモやイチゴのように苗で増やす作物（栄養繁殖性作物）の場合には、一つの交配種子から育てた苗を使って、遺伝的にまったく同じ苗を毎年増やしていくことができます（「遺伝子的に固定している」という）。

さらに詳しく言えば、1粒の交配種子から育てたサツマイモは1本の苗となり、秋にはいもが取れます。でも1年目の苗は1本しかないので、いもの色や形以外の特性はまだ正確に評価できません。選抜した株（個体）から取ったいもを大切に保存して、種いもとします。次の年からは種いもから苗がたくさん取れるので、系統（クローンまたは栄養系という）と呼ぶことにします。3年以上かけて収量性や品質、耐病性などの特性を調査し、目的に合う優れた系統を選び抜いていきます。

民間育種ではこの段階で良好なら品種登録することも可能ですが、国の場合はさらに県の試験場で1年、加えて現地試験といって農家の畑での試験栽培を3年くらい続け、その結果として評価が高ければ品種登録に持ち込みます。

紫系サツマイモの新品種**アヤムラサキ**は国の試験場での結果だけで品種登録を決めたので、通常より3年ほど早く品種登録を完了することがで

きました。これは共同研究した民間企業からの強い要望があり、開発を急いだ特別な場合です。通常では選抜期間が8年かかります。したがって、新品種の開発を考えてから開発完了まで通常のケースなら最短で10年間。大変に長い時間を必要とするため、初めに立てる開発目標は10年先のニーズを見込んだものでなくてはならないのです。

新品種開発における目標設定

Q：日本ではどの目標を重視しますか？

どこの国でも収量性や耐病性は重視します。日本の場合はさらに品質・成分が重要な育種目標となります。でんぷん含量を高めるといったこれまでの育種目標に沿った改良レベルの話だけではなく、まったく新しい品質成分（例えばアントシアニン）に着目することもあります。あるいはこれまでまったく活用されていなかった葉を食品に利用するための品種開発などがあります。このように新規な特性を持った品種の開発によってイノベーションが生み出されます。

すでに東洋新薬ではすいおうの茎葉をパウダー化し、青汁の原料として販売しています。他にも、低糊化温度という新しいでんぷん特性を持った品種の開発、でんぷん分解酵素の能力が高い品種の開発なども新しい観点から見たサツマイモの品種開発ですね。

県の研究者は従来どおりの見方で配付した系統の特性を調べていくことが多いので、県の試験結果を見ただけで良否の判断をすると画期的な新品種は生まれません。ここは将来の産業の発展方向を考え、新しい市場を開発していくという新しい発想で開発を進めること。特に、でんぷん原料用とか青果用のように開発の歴史が長いものでは、従来型を多少改良したく

らいでは新品種はできません。前に言及した「ねっとり系焼きいも」や「低糊化温度型でんぷん」といった斬新な品種の開発には発想の転換が不可欠でした。

　これはお米の品種改良の現状と比べるとよくわかります。どの県でも食味の標準をコシヒカリのみに合わせて選抜しているでしょう。だから新品種のほとんどがコシヒカリの亜流で、コシヒカリ並みの新品種ばかりが出てきます。数ばかり増えた亜流米をブランド化しても意味がありません。消費者に対して新しい商品を提供し、選択の範囲を広げていくことが、ものづくりの基本だと思います。

ねっとり系サツマイモの開発

Q：ほくほくからねっとりへ、その流れを変えた品種を開発したときの話をしてください。

　べにまさりとべにはるかのことになりますね。どちらも思い出深い品種です。1980〜90年代の青果用主要品種は、西日本では1945年に育成された**高系14号**、東日本では1984年のベニアズマでした。

　高系14号が世に出てからすでに半世紀が経過し、消費者はおそらく飽きがきていると思いますが、なかなか代替品種が生まれませんでした。もちろん、この品種は早く大きくなり（早期肥大性）、腐りにくくて長持ちする（貯蔵性が良好）いもです。農家や販売店からすれば大変な優れものでした。また、研究面から見ると、西日本向けの青果用の新品種が長く生まれなかったのは、「九州はでんぷんや焼酎原料用」「関東は青果用や加工用」と、九州と関東の試験場で役割が分担されていたことも関係していたと思います。私が九州の研究室に入ってしばらく経った1970年の中頃から、やっと九州でも青果用品種の育成を始めました。関東に比べると、そ

の立ち遅れは大変なものでしたね。

1990（平成2）年に初めて**ベニオトメ**という西日本向けの青果用品種を育成することができました。ベニオトメは、収穫してからしばらくすると大変に甘くなる（でんぷんの糖化が速いという特性を持つ）ので、研究所のスタッフには大人気でした。甘みの足りない高系14号が畑に落ちていても、誰も見向きもしませんでした。ところが、市場の人たちからは、「ベニオトメは貯蔵して数カ月すると蒸した後にやわらかくなるのでダメ」と言われ、評判が悪かったですね。当時の市場では、「ほくほくこそおいしい」という"常識"がまかり通っていました。

そのベニオトメは、作りやすくて優れた品種だと思いますが、黒マルチをした栽培ではいもの中に黒い斑点が出ることや、黒変といって、蒸した後にいもの色が緑っぽく変色することがあったので、次第に生産者が離れていきました。でも韓国ではたくさん栽培されていますし、南米のエクアドルでも作ろうとしています。甘くておいしいですからね。

こうした経験から、私は、**青果用の新しい品種は「冷えてもやわらかくて、甘くないとダメだ」**ということに確信を持ちました（p.170〜171参照）。すでに、暑い沖縄では、焼きいもは冷えてから食べるので、こうした冷えてもやわらかくて甘いという特徴を持っていないといけないということが通り相場でした。

そこで、ベニオトメと高系14号を交配して外観と肉色（いもの中身の色）のきれいな系統を作り、それに食味の良い**九州104号**を交配しました。1992（平成4）年のことです。それから9年かけて選抜を繰り返し、2001（平成13）年にややまるい青果用品種べにまさりが誕生しました。肉色が濃い黄色で、調理後の変色が少なく、栗の香りがします。収穫して1カ月くらい貯蔵すると、蒸しいもにしたときにほどよいやわらかさで上品な甘

さとなり、栗のような香りになります。当時、私はこの品種はこれまでに作られた中で最高の味だと思いました。

　でも、栽培上の欠点もありました。苗の本数が多く取れないこと、いもの大きさが不揃いになりやすいこと、いもの細根の部分が凹んで黒ずみが出やすいことなどです。それに収穫したばかりのいもは少しほくほくして甘みが足りません。もちろん、多収穫を狙わずに、注意してうまく栽培すれば、このような欠点は出てきません。べにまさりの上等ないもはブランド品です。徳島県の「鳴門金時」や石川県の「五郎島金時」（いずれも高系14号）は最高級ブランドとされていますが、べにまさりを使えばもっとおいしいいもができます。また、いま評判のべにはるかよりもおいしいと言う人も大勢います。数年前に、べにまさりを少し改良した**シルクスイート**という品種がカネコ種苗から発表され、評判となっていますね。

　一方、関東を席巻していたベニアズマはウナギのように長くて大きないもに育ちます。さらに大きくなるとうねうねと曲がりくねって、いもが割れてきます。また、非常にほくほくしているので、秋に収穫後、貯蔵して年が明けないと甘くはなりません。それでもなお、のどに詰まるほどの硬さがあって、冷えたらどうにもなりません。逆に、貯蔵をして甘くなると、今度は腐りやすくなります。この点は**安納芋**とよく似ていますね。ちなみに、安納芋はいもに少しでも傷がつくと、そこからすぐに腐り始めます。とても家庭でまとめ買いをして貯蔵することはできません。

　実は2005（平成17）年に、沖縄向けとして「冷えてもやわらかく甘い」性質の青果用品種**九州121号**（通称名「なるっこ」）を品種登録しました。この品種は紡錘形で明るい紅色のすべすべした外皮を持った"べっぴんさん"です。肉色は明るい黄色で、調理後の変色もありません。でも、甘さは高系14号のように控えめです。

1996（平成8）年、品種登録をする前の九州121号に、いもが長くてよく揃い、甘くて食味の良い春コガネ（1998年育成）を交配しました。それから9年にわたって選抜を続け、2007（平成19）年に新品種べにはるかを世に送り出すことができました。ちょうど私が退職した年のことです。

べにはるかに関する思い出は、べにまさりと比べて決して良いものではありませんでした。

食味調査は通常、収穫してから2週間くらい外に置いたあと蒸しいもにして食べるのですが、べにはるかは収穫後すぐでも甘くなっていました。それからさらに1週間くらい放置すると手で持てないほどベタベタになっていて、包丁では切れないくらいやわらかくなります。いもの中の黄色みもだんだん薄くなって、べにまさりと比べて見栄えも悪くなります。しかし究極のねっとり系で、とにかく甘い。冷えるととろけるような感じになって、これまでにない食感でした。そして、このねっとりした甘さが最高の干しいもになるのです。色や形については申し分ありません。大きさもよく揃って、いもの外観もべにまさりよりはるかに上でしたね。苗も数多く取れるし、貯蔵しても腐りにくい。病気にも強かったから生産者も喜んだことでしょう。九州で栽培が始まりましたが、いもが長い形だから、茨城や千葉など関東でいち早く栽培面積が増えていきました。

茨城の人たち、特に行方市や鉾田市の農協や企業がいち早く、べにまさりやべにはるかの市場開拓を進めてくれました。当時、私は「ほくほくのいもはおいしくないからダメだ」と主張してバイヤーから顰蹙を買っていましたが、売り出してみればあっという間に広まって、消費者の判断は一目瞭然の結果でした。JA行方のべにはるかは「紅優甘」という商品名で市販されていますから頭に留めておいてください。

もしもこれまでどおりのほくほくで甘みの少ないサツマイモを目指して

育種をしていたら、高系14号やベニアズマを超えることなど決してできなかったことでしょう。歴史的に品質が確立された高水準の商品を超えるには大変な時間がかかりますが、視点や発想を変えて、これまでとは異なるコンセプトを持つ商品開発をすれば、比較的簡単に道が開けることもあると思います。同時期に研究を始めた紫サツマイモなど有色サツマイモでも、競争相手がいなかったので開発にはそれほど手間取りませんでした。

それにつけてもマスメディアは、「ほくほくした、おいしそうなサツマイモ」といった古臭い表現はもう改めなければいけませんね。

新品種開発の成功率

Q：山川さんが若手研究者だった頃の仕事ぶりにも言及してください。

私がまだ若手だった時代には、研究室からは10年に1つくらいしか新品種を世に出すことができませんでした。しかし、私が研究室長になってから品種登録数が大きくアップしました。

当時の品種を作るシステムでは、まず国の育成地（品種を開発する研究室）で4年間の選抜試験を行い、次に農水省から指定された県の試験地で検定試験を行って、その結果を見て出来が良ければ地方系統番号を付けます。

例えば、九州では九州○○号という番号を付けるわけです（これを新配付系統と呼びます）。さらに試験を希望する県には九州番号を付けた系統を配って、評価してもらい、新品種としてふさわしいかどうかを検討します。

私が研究室長になってからは、毎年2～3つの新配布系統を出していきました。以前と比べ圧倒的な数です。下手な鉄砲も数撃ちゃ当たる式ではありませんが、弾を撃たないことには絶対当たりません。新配付系統から新品種になる確率は、私の場合は3割でした。通常は2割あれば良いほうです。

Q：新品種にならなかったイモのことも話してください。

3割成功ということは、九州番号を付けただけで新品種にならなかったものが7割あったということですね。

でんぷん原料用については、鹿児島県の評価が高い品種を出していけば自ずと道は開けます。それは県が責任を持って新しい品種を普及してくれるからです。でも青果用の場合は、その先にある市場の動向や消費者による選択も大きく関係します。つまり、いもの形や外観、色合いについても好みが様々あって、話は大変複雑になってきます。

私は前々から、消費者の好みは地域や消費者の世代によって変わると確信していました。また、有色サツマイモは、焼きいも用や調理用としての市場がまだ形成されていなかったので、市場のバイヤーや企業に売り込みをかける必要性を感じていました。

県としては、現時点で県内に市場がないとなかなか普及に協力してくれません。そこで市場と対話しながら、少しずつ品種改良を進めていく形になるため最初に出した品種はどうしても捨て石になってしまいます。最初に送り出した新品種は市場や企業からいろいろと文句を言われます。それらの意見をもとにして次に出すものが、市場や企業を満足させるような本命品種になります。まずは捨て石となる新品種を出さなければ対話も何も生まれませんからね。そうした事情もあって、7割が不成功に終わりました。

別の言い方をすれば、私の場合は新品種開発での失敗というより、保守的な市場を相手にした結果、新品種の「普及に失敗した」ことが多かったと思います。そこでイノベーションの気風に富む企業をパートナーとして選びました。色素メーカーの三栄源FFIとの協力で**アヤムラサキ**、焼酎メーカーの霧島酒造との協力で赤霧島の原料となる**ムラサキマサリ**、健康

第3章 サツマイモの農政学

食品メーカーの東洋新薬との協力で茎葉利用のすいおう、サントリーフラワーズとの協力で観賞用品種を普及させることができました。さらにトヨタ自動車との協力によって**コナセンリ**や**スターチクイン**のような東南アジア向けの高でんぷん品種も開発しています（2005年育成）。

国と県の関係について

Q：国と県は新品種開発で協力体制を取りますよね？

これから説明するのは、私が経験した時代の仕組みです。現在は、農水省の予算との関係で仕組みが変わっています。

サツマイモの新品種開発では、国と県が協力して新しい品種を育成することが一般的です。「指定試験制度」と呼ばれ、国が指定した県の試験圃場（ほじょう）で新しい系統の生産能力や病虫害の抵抗性を調べます。指定試験地にはサツマイモの主要生産県が選ばれています。この制度の下では国から予算が補助されていますが、指定されていない県で行われる場合には自前の予算となります。

いまでは農水省が公募する競争的資金を獲得した上で、試験を実施するような仕組みに変わっています。資金の獲得に失敗すれば自前で試験を続けるしかありません。お米やイチゴのような作物では県単独による育種事業が盛んですね。

しかし私はこのようなバラバラなやり方は非常に非効率だと思います。なぜなら品種育成では研究の規模が勝敗を決めることが多いので、海外との競争が始まったら、規模が小さいバラバラの体制のままでは勝ち目がありません。どこか1カ所に大規模な育種センターをつくり、効率的に研究を進めることが重要です。ある程度の選抜が進んだ段階で、有望な系統を各地に配付して能力検定を実施するようなやり方が望ましいでしょう。作

物ごとに育種センターをつくって、優秀な品種を数多く輩出しないと、日本農業は海外との競争に勝つことはできません。世界で生き残ることはできないでしょう。遺伝資源についてはセンター方式で管理しているわけですから、それを活用する育種でもセンター方式が取れないはずはありません。

中国は江蘇州の徐州市にサツマイモ研究センターをつくり、育種から栽培、病虫害まですべての分野が結集した総合的研究を行っています。研究を進めるところに研究資源を集中させて規模を大きくすること。この戦略は他の産業についても当然あてはまるでしょう。

品種開発では、手持ちの遺伝資源中に育種目標に適合した親、いわゆる優れた部品を持っているかどうかが決め手になります。選んだ親が悪ければ、いくら選抜を進めても良い結果を得ることはできません。したがって遺伝資源や母本（育成途中の系統を含む）の取り扱いについては細心の注意が必要です。民間の種苗会社では育成経過を明らかにすることを嫌って、種苗登録しないことも多いですね。手の内がバレますから。

自動車や電機などの基幹産業でも、国内での市場争いの結果、企業のエネルギーが消耗してしまって世界と戦う体力がすでに残っていないのでしょう。星のつぶし合いや足の取り合いで企業が共倒れになるなど、日本における産業構造の非効率性が問題になっています。太平洋戦争で旧日本軍が戦線を広げすぎて戦力を分散した結果、米軍から個別撃破されていった敗戦の構図を思い浮かべてしまうのは飛躍のしすぎでしょうか。

Q：新品種はどの県でテストするのですか？

2つの観点から適応能力を調べるための試験地を選びます。まずは鹿児島や茨城、千葉、宮崎のようなサツマイモの主要生産県であることです。もう一つは黒斑病やセンチュウのような病害の発生が特に多い圃場を持っ

ているところです。耐病性を見るためには実際に病気が発生している畑が必要です。もちろん土壌や気象などの環境的な要素の違いも考慮しています。そのほうが品種の特性を広く把握することができるからです。

　県が新配付系統をテストしてみて、有望だからこれを選抜しようと思う基準は「どのような利用目的でサツマイモを栽培するか」の視点によって異なります。収量性や耐病性などは共通の視点となりますが、食用サツマイモの産地は色や形などの外観や食味、貯蔵性などをとりわけ重視します。でんぷん原料用サツマイモの主産県（いまでは鹿児島だけですが）では、でんぷんの含量や収量性などを重視します。茨城県のような干しいもの産地では干しいも適性もよく検討しますし、宮崎のような早掘りサツマイモの産地では早生性を重視します。

　各県それぞれ特徴がありますが、紫イモや観賞用などこれまでにない特殊用途となると県では対応しきれないので、育成地が民間企業と連携して選抜試験を進めることが多くなります。もちろん県に協力を呼びかけることもありますが、県の研究者も忙しいので「県内に需要がないから」と断られることが少なからずありましたね。しかし「需要は作るものだ」という観点こそ私は重要であると思っています。

野菜の原種は農水省が確保

Q：サツマイモの海外移転に際してはどうなっているのですか？

　農水省は国内農業保護優先の観点から、農水省関連の研究機関（農研機構など）が開発した新品種については海外への移動に制限をかけています。かつて、イネや大豆のような種子繁殖作物では7年、サツマイモやイチゴのような栄養繁殖作物では15年経たないと海外に持ち出せないことになっていましたが、いまでは対象国や地域で種苗登録を行った上で、日本

に逆輸入をしないなど一定の条件を付けて、海外での栽培を認めることもあるようです。優れた新品種を日本で独り占めしないで、海外での栽培を認め、しっかりと対価（使用料）をいただくことが先進国としてあるべき姿だと思います。

　栽培種はもとより、野生種でも遺伝資源を海外の国から持ち出すことは簡単ではありません。どこの国も単なる持ち出しはアウトです。せっかく良い育種素材となる遺伝資源を見つけても現地保存が基本ですから、相手国に置いてこなくてはいけません。相手国と共同研究をやる場合に限り、遺伝資源の利用が可能となります。もし共同研究が行われないと、内戦など相手国の事情によっては収集した貴重な遺伝資源が失われることも心配です。農水省は1985（昭和60）年からジーンバンク（遺伝資源の収集・保存）をつくって、かつて収集した作物や野菜などの原種をきちんと保持しているので、そこは日本の強みだと思います。

　イチゴのように県どうしで品種開発や産地間競争が激しいものでは、育成した新品種を他県へ移動することさえ禁止している場合があります。でも私のような個人（現在は山川アグリコンサルツの代表）や民間会社が作った品種なら制限なく外国へ持ち出すことはできます。タキイ種苗やサカタのタネなどの大手民間会社の品種の種子は、海外での販売金額のほうが断然多いでしょう。

世界のサツマイモ大紀行 "ルーツ・プロジェクト"

語り手
霧島ホールディングス株式会社
企画室 田浦壽人さん

所在地：宮崎県都城市下川東4-28-1
TEL：0986-22-8066
（お客様相談室）
創業：1916年5月
http://www.kirishima.co.jp/
いも焼酎など酒類の製造および販売、レストラン事業を展開。
●霧島ファクトリーガーデン
宮崎県都城市志比田町5480
TEL：0986-21-8111

酒造りへのあくなき思い

　1916年の創業以来、いも焼酎「霧島」を造りつづけてきましたが、その原料として65年頃から使用している黄金千貫(コガネセンガン)を上回る品種はなかなか見つかりませんでした。その間、98年に発売開始した黒麹仕込みの「黒霧島」は好評を得ましたが、それにとどまらず様々な品種のサツマイモを使って酒質開発の試験を行いました。何度も失敗を重ねた末、とうとう2003年に新品種「ムラサキマサリ」を使った焼酎"赤霧島"が誕生。しかし、喜びも束の間、品評会では"腐敗臭"とされるライチやマスカットの香りがするということで低い評価を受けました。ところが社内会議で「芋焼酎よりもワインに近い香り」と女性に好評だったため、試しに少量での発売を実施したところ、これがお客様から高い評価をいただけたのです。

　"茜霧島"の誕生は、その赤霧島の発売から11年後になります。オレンジ系のサツマイモはこれまでの焼酎原料にはない華やかな香りがあり、「まったく新しい焼酎を造る」という思いから"タマアカネ"という品種にたどり着きました。このタマアカネの持つ香りを生かすため、あらゆる麹菌と酵母菌の組み合わせを6年間模索し続け、ようやく"花らんまん"という観賞用サツマイモから採取した霧島酒造独自の酵母を見つけ出したのです。

焼酎粕（かす）による発電で地域に還元

　焼酎を造る際に排出される「焼酎粕」は1日に約650t。昔はそれを畑にまいて肥料にしていましたが不法投棄とみなされることになり、何か利用方法がないかと試行錯誤して「焼酎粕のメタン発酵」を実施することにしました。排出される焼酎粕のほぼ100%を発酵させ、発生するメタンガスを工場のボイラー燃料に使用し、さらに発電を行い、地域の電力会社にも提供しています。このようなバイオマス発電の最大のメリットは、廃棄物をすべてエネルギーに変え、ゼロエミッション（廃棄物ゼロ）を達成できること。地域で取れたものは、また地域に還元していくことが地元企業の大切な役割だと思います。

起源をたどる一大プロジェクト

　酒造りや地域貢献に情熱を注ぎ込みながらも、そもそもサツマイモはどのように南九州にたどり着いたのか、ずっと疑問でした。そこで、学術分野でしか語られていないサツマイモの起源に着目し、2009年、ついに"KIRISHIMA ROOTS PROJECT"をスタート。エン博士が提唱した「三方向伝播説」に基づき、世界各国の実地調査を行うことになりました。2017年2月までの海外視察は29回、訪問した国は25カ国に及びます。その中でも特にマダガスカルは印象的でした。サツマイモの葉もよく食べられていて、1人あたりの年間消費量は日本の約3倍です。生活の中にサツマイモの食文化が根付いていました。ただし、イモゾウムシなどの病害虫対策ができておらず、今後、山川先生（著者）のような指導者の存在が不可欠だと感じました。

　プロジェクトの目標は、「三方向伝播説」の実証と新たな情報の収集です。サツマイモのルーツに関する情報を世界に発信し、最終的にはプロジェクトで知り合った各国の博士や専門家を宮崎に招待して、「世界サツマイモ学会」を開催したいと考えています。"サツマイモを知る"という果てなき夢はふくらむばかりです。

サツマイモは"人"をつなぐ
~焼きいもを焼き続けて20年、これまでとこれから~

語り手
有限会社 なるとや

代表取締役 西山隆央さん

所在地：大阪府茨木市宮島1-1-1-237
TEL：072-636-4111
設立：1998年1月
http://www.narutoya.jp/
生のさつまいもの調達・販売、焼きいもの卸小売から焼きいも店開業のサポートまで。焼きいもの総合コンサルタント。

焼きいも、いまむかし

　焼きいも事業を始めた20年前、平成9（1997）年頃になりますが、当時焼きいも屋は"季節商売"と言われ、秋口から始めて春には店じまいするというのが一般的。「焼きいもといえばほっかほかを食べるもの」。売る側も買う側もそう思っていました。けれど私は一年を通してできるビジネスにしようと思い、夏になっても焼き続けました。お客さんに買ってもらうには、冷めてもおいしく、口にしやすいことが外せません。

　当時の焼きいもで主流だった「高系14号」系統の品種は、冷たくなると味が落ちる場合があるんです。毎日毎日、あらゆる産地のいもを焼いては味見して、冷めても甘みが残るものを見極めて販売していました。その甲斐あって、お客さんから「え？こんな冷たいおいもでもおいしいんやな」と喜ばれるまでになりました。

　その後、いろいろな品種が出てきました。「べにはるか」もその一つです。これが出回る前に、焼きいもに合うかのテストを産地から依頼されたことがあります。品種を隠した上でしたが、焼いてみると、とてもおいしくて、冷めてからもまたおいしい。これは「べにはるか」だろうなと。これはいけると思いました。いまやお客さんの評判はダントツですね。

窯もとても重要です。昔からあるガス窯は大量に焼ける反面、焦げやすくて一時も目が離せません。そこで、そういう手間がかからない電気オーブン窯に注目しました。焼き上がるまで1時間、その間にいもを一度ひっくり返すだけ。この窯さえあれば、気軽に焼きいも屋を始められるわけです。

出会いを生む焼きいも屋のサポート

　これまでの取引先は、酒屋、コンビニ、コインランドリーなど個人のお店から、ドラッグストアチェーン、ホテルや道の駅まで、業種・業態は様々。時期やお店に応じた生いもを見つくろって提案するなど、開業後のフォローにも力を入れていて大変好評です。

　障害者の社会参加に役立った事例もあります。ある支援施設では、障害を抱えている人たちが自ら、いもを洗って、しっぽを切って、窯の調整をして焼いて、そして売ります。自分たちのできることをするわけです。その中に自閉症の方がいて、以前は人の顔を見られない、話ができない、うつむいてジーッと下を見ているだけだったそうですが、焼きいもを販売するようになってものすごく変わったと言うんです。お客さんから「おにいちゃん、おいしかったでぇ」とほめられる、そんなやりとりを繰り返すことで、声も出せなかった人が大きな声で焼きいものPRをするまでになったと。それだけでなく、収益も順調で、「みんなで旅行に」なんて話もしているそうです。

　焼きいも屋を長くやっていると、こんなふうにいろいろな出会いがあります。これほどまでに人々に寄り添った、懐の深い野菜はほかに思い当たりません。それに、いもは健康食で、子どもからお年寄りまで、みんなに愛される食材です。最近では赤ちゃんの離乳食に焼きいもが使われるほどです。

　これからもこの素晴らしい食材をどんどん広めて、焼きいもが国際的な食文化になるよう、日本から発信していけたらいいなと思っています。売る人も食べる人も元気になり、人と人との豊かなつながりを生む、そんな"焼きいも"の仕事に携われることが本当に幸せですね。

サツマイモで屋上を緑化して省エネ
芋焼酎も産みコミュニティも形成

語り手
株式会社 日建設計
設備設計部 本郷太郎さん

所在地：東京都千代田区
飯田橋 2-18-3
TEL：03-5226-3030
創業：1900 年 6 月
http://www.nikken.jp/

室外機を覆うように栽培

　温暖化の一途をたどる東京都心で、意外な植物が省エネ効果を発揮しています。千代田区神田にある「住友商事美土代ビル」の屋上では、2012 年から約 100 台の空調設備の室外機を覆うようにサツマイモの苗が育てられているのです。

　サツマイモは葉から水蒸気を出す"蒸散"によって室外機周辺の熱を奪います。また、葉は室外機に日陰を作り、吸い込む空気の温度を下げます。これにより夏の一番暑い時期、空調機の温度が 1 〜 2℃低くなり、電気代を真夏のピーク時には最大 10％も下げることに成功。省エネ効果が実証されました。サツマイモの葉の蒸散作用による省エネが実際の建物に取り入れられたのは、このケースが初めてです。

サツマイモが生む独自効果

　これは土と緑による単なる断熱の屋上緑化ではありません。ここでは室外機周辺の空気を冷却し、強力な省エネビルを構築することが目的な

のです。苗と土が入ったバケツサイズの園芸用布袋を架台から吊り下げて、そこから葉を茂らせていく仕組みです。畑ではないので室外機が土を吸い込むことも防ぎます。また、液体肥料と水は大型のタンクから自動的に供給されるようになっています。収穫もビニールシートの上で袋をハサミで切り取り、いもを取り出すだけなので簡単。ネクタイのまま、パンプスのままでも楽に作業できます。収穫量ですが、ここは450m^2でなんと最大350kg！ 品種は、べにはるか、パープルスイートロードなどです。サツマイモはビルの入居テナントに配布したり、地下食堂で蒸かしてみんなで食すなど、コミュニティ形成の一助ともいえる副産物になりました。

芋緑化システムで芋焼酎も

　サツマイモを利用したこの事例は、正式には「室外機芋緑化システム」（以下、芋緑化システム）といい、特許出願公開されています。

　日建設計が住友商事にアイデアを持ち込み、共同開発を行って実現に至ったものです。従来の屋上緑化は、ヒートアイランド対策、憩いの場の創出が目的で、入居者やビル管理者にとっての恩恵は小さいものでした。この芋緑化は、進化した屋上緑化の提案として位置付けています。大型タンクや配管の敷設費用と毎年の液体肥料代、電気代、水道代が必要ですが、芋緑化システムによる電力削減費用を考えると、順調にいけば数年で投資は回収できるでしょう。今後は都条例の緑化面積参入を目標としています。

　ところで2015年からは、ビルのオーナーである住友商事が収穫したサツマイモを熊本県の蔵元に送って、芋焼酎「頂」（非売品）を作りました。現状はブレンド焼酎ですが、芋緑化システムの普及により100％オフィスメイドの焼酎ができれば、「神田と言えば焼酎」となる日が来るかもしれません。芋緑化システムは、省エネだけでなく多様な価値を産み出す可能性を秘めています。

写真提供：(株)ビル経営研究所

第4章　サツマイモの歴史地理
――こうして日本にやってきた

　サツマイモの原産国はどこか？　どのような伝播経路で地球に広がって定着したか？
　日本にはどんな形で伝来したのか？　いま世界のサツマイモ事情は？　私はこのように考えます。

第4章　サツマイモの歴史地理

1　サツマイモ伝播の道をたどる

原産国から日本まで——壮大な旅計画はじまる

　サツマイモというのは、原産国から日本に入るまで地球を一周するほどの壮大な旅をしてきた作物です。しかし、その旅をまるごと追体験しようという企ては、これまで誰も実行したことがありませんでした。

　ところが、霧島酒造が創業100周年（2016年）記念事業の一環として、サツマイモのルーツを旅して世界中を巡る大プロジェクトを実施することになりました（ルーツ・プロジェクトと呼称）。私は2007年に農水省傘下の独立行政法人九州沖縄農業研究センターを退職しましたが、ちょうどこの時期に同社から「ルーツ・プロジェクトの学術チーム責任者として参加してほしい」という依頼が来たのです。初めは冗談だろうと思いました。

　当時の霧島酒造は売り上げがせいぜい数百億円。そういう中小規模のメーカーが世界を巡る学術調査をするという前例のない企てです。1回の調査で10名前後の人たちがサツマイモの生産国に行って、1週間以上滞在して様々なフィールドワークをするわけです。これまで、ニュージーランド訪問を皮切りに、アメリカ、中南米、アジア、アフリカ、ヨーロッパ、太平洋の島々などすでに25カ国以上を巡りましたが、年間3カ国ないし4カ国巡るとして、最終的には30カ国くらいにはなるでしょう。並大抵の予算や根性でこんな事業は継続できません。しかし完遂すれば、集まるサツマイモの情報量は膨大なものになります。このプロジェクトには私たち学術チームだけでなく、いも焼酎のＣＭを作るチームやテレビ番組を作るチームも同時に派遣すると聞いてさらに驚嘆しました。

　ともあれ、ルーツ・プロジェクトは2009年にスタートしました。サツ

マイモがどこから、どういったルートを経て日本にたどり着いたのか、そしてルートに当たる国々でサツマイモの由来や位置づけ、過去と現状の生産がどうなっているのか、また将来の見通しはどうか？　行政官や研究者、企業や生産者などと面談し、意見交換をすることが目的です。同時にそれぞれの国の歴史や食文化なども調査しました。

サツマイモが伝播・拡散していく過程で、それぞれの国の人々がサツマイモについてどういう考え方を持ち、どういう具合に利用し、食文化としてどんな具合に溶け込んでいったのか？　それを九州地方の一民間企業が調査するわけですから、とんでもない企てと言わざるを得ませんね。世界的に見ても、最初で最後の大事業になることでしょう。

これまでに各国で出会った農家の方々、研究者、行政の関係者など数えきれないほど多くの人たちと相当な人脈ができました。プロジェクトの最後には知り合った人たちを集めたサツマイモの世界会議が宮崎県で開かれるのではないかと思っています。

サツマイモの起源——発祥の地は二説あり

サツマイモの栽培種がどこで生まれたか？　これには「ペルー起源説」と「メキシコ起源説」がありますが、ペルーにあるチルカ谷遺構（ペルー南部）の中で紀元前１万年から8000年前の炭化したサツマイモが見つかったことから、栽培の起源をペルーとする説が現在は有力です。メキシコの古代遺跡からはこうした類のものは見つかっていませんが、メキシコ側は「自分たちも昔から作っていた。野生種はペルーよりも豊富にある」と主張しています。

最近のＤＮＡ解析によれば、世界のサツマイモの栽培種はメキシコ起源とペルー起源の２つに分別されるとのことですが、確実なところはまだ不

明です。メキシコの山中にはまだ野生のサツマイモ(「カモテモラド」と呼ばれている)が存在し、ネイティブは食べているということを伝え聞きました。

2015年12月に訪問したアマゾン(エクアドル側)の森林にも、黄色や紫、オレンジ色などいろいろなサツマイモが自生していて、地元のインディオはおいしいものだけを選んで自分の庭に植えていました。

この論争の結果を学術的にハッキリさせるにはまだ時間が必要でしょう。ここでは両方の意見を取って"同じ頃、両国で発祥したのだろう"としておきましょう。

メキシコには2013年の6月18日から25日まで、グアダラハラ、メキシコ・シティ、それにベラクルスを巡る8日間の調査を敢行し、驚きの情報が得られました。

「紫サツマイモが山奥に自生している」と言うのです。現地の人は食べているそうですが、残念ながら私たちにはその確認ができませんでした。かつてポリネシアの人たちはそれを南太平洋の島々に広めていったのではないかと思います。

紫イモは1500年頃にはすでにあったという説が確立されています。もし紫イモがペルーには存在せず、メキシコにしかないとすれば、メキシコのほうにサツマイモの種類が豊富にあり、サツマイモの原産地となる可能性が高いといえるでしょう。ただし、メキシコもスペインの植民地になったために、記述された資料としては征服者のスペイン人が来て以降のものしかありません。

気になるのは、メキシコがサツマイモの原産地と自ら名乗っているのにあまりサツマイモを食べていないことです。その理由を聞いたら、もっぱらトウモロコシを食べているからだと言われました。サツマイモはお菓子

扱いになっているのです。

　サツマイモは、中南米・アメリカ合衆国ではオレンジ系がポピュラーです。日本・中国・韓国など東アジアは黄色系。南太平洋や東南アジアは紫系。地域ごとに好まれる種類が違うようで、これも興味深いところです。

　サツマイモの栽培が紀元前1万年ないし8000年前からというと、いまある作物の中で最も古い栽培の歴史を持っていることになります。ほとんど新石器時代の初期の頃になってしまいます。日本に入ってきたのは、いまからわずか400年くらい前ですが、世界ではサツマイモの歴史はものすごく古いのです。

古代人にとってサツマイモとは

　話を紀元前2500年頃まで遡ると、東アジア南部にいたモンゴロイドは南下を始め、紀元前2000年頃にはインドネシアに入ります。その後、東に進み、パプア・ニューギニアの先住民と混血を繰り返してポリネシア人の祖先となります。紀元前1100年頃にはマルケサス諸島に到着し、しばらくじっとしていますが、紀元1世紀頃、再び東に進み始め、300年頃にはポリネシアの東端にあるイースター島に入ります。その後1000年頃までに北のハワイや西のニュージーランドまで活動範囲を広げていきますが、おそらくポリネシア人は南米にも渡ったのではないでしょうか。

　サツマイモは南米から南太平洋の島々、ハワイ諸島を含め広く作られています。ポリネシアの島々に住む人々の体は大きく、力持ちで、海洋民族として発展していけたのは、紀元500年頃に南米のインディオとの交易を行う中でサツマイモと巡り合うことができたからだと思います。

　サツマイモはやせた土地でも、水が少ない所でも栽培できます。さらに

第4章　サツマイモの歴史地理

加えて栄養があることも大事なポイントです。でんぷんを含む「穀物」と、ビタミンやミネラルが多い「野菜」という二面性を持っているので、最悪の食糧状態になっても、サツマイモと小魚を食べていれば生きていけます。古代人にとってサツマイモは、そういう食糧として大切に扱われてきたのです。

伝播ルートは3つ

　ペルーあるいはメキシコから世界へどのように伝播・拡散していったのか？　伝播ルートとしては3つ提起されています。でも「どのルートがメインだったか」「どれが世界に広がっていくのに役立った主要なルートだったのか」について、私たちはいま検討中です。
　従来は**バタータス・ルート**がメインだと考えられてきました。スペインの支援を受けたクリストファー・コロンブスが16世紀にサツマイモを南米からヨーロッパに持ち込みました。それがアフリカを経由してインドから東南アジアに入り、世界中に広がっていったという説です。
　その次に、メキシコ太平洋岸のアカプルコからスペイン人がハワイやフィリピンにサツマイモを持ち込んで東南アジアに広がっていったという**カモテ・ルート**。この2つがメインルートであるというのが、ヨーロッパをはじめ世界の常識になっています。
　しかし、サツマイモが1万年前に発生していたのなら、もっと早い時期にアジアに広がったのではないかと私たちは考えています。でも残念ながら、フィリピンにしてもインドネシアにしても「スペイン人が入植のときにサツマイモを持ってきた」と書いてある文献が残っているだけですね。これから述べる**クマラ・ルート**の担い手であるポリネシア人は、ポルトガルやスペインの入植前から活発な海上活動をしていたわけですが、文字を

持たない民族なので活動記録が残されていません。ですが、ポリネシア人の大移動の歴史から見てクマラ・ルートが最も古く、ペルーから太平洋を横断的に広がっていったのがサツマイモ伝播のメインルートであろうと考えるほうが自然だと思います。その後、東南アジアから北上して中国に、さらに日本にまでも広がっていったと私たちは考えています。

クマラ・ルートこそ主たる経路だと考える

クマラ・ルートというのは、中南米からポリネシアの中心であるマルケサス諸島を中継して東南アジア、ハワイ諸島、ニュージーランドと太平洋一帯に広がっていったルートです。

このクマラ・ルート主経路説に一つの確信を与えてくれるのが、紫イモの存在です。いまでは紫色のサツマイモというのは珍しくありませんが、初めて見た時にはちょっと気持ちが悪かったでしょうね。ベリー類以外にはそんな色の食べ物はあまりありません。また、濃い紫色のサツマイモにはエグミや苦みを持ったものが多いです。コロンブスも紫イモを見た時には驚いて、持ち帰ってはいないのでしょう。その形跡がありませんから。でも東南アジアには、どこにでも紫色のサツマイモがあって、人気も非常に高いのです。メキシコにも自生していると聞きましたし、アマゾンの森では自生している紫サツマイモを実際に見ました。だから紫サツマイモは、ポリネシア人が東南アジアにまで広めた一番原始的なサツマイモだと私は考えています。

しかも紫サツマイモというのは、私が研究を始める以前は世界中で誰も注目していなかったので、日本以外には人の手が加わった新しい品種が存

第4章　サツマイモの歴史地理

地図製作／曽根田栄夫

在していません。いま東南アジアやハワイにある色の薄い紫サツマイモは、ペルーで生まれたそのままのものと考えられるのではないでしょうか。一方、鹿児島県の山川町（現・指宿市）で見つかった濃い紫色の品種（山川紫）がどこから来たのかについてはまったくわかりません。色が濃く、エグミがあってとても食べることができないこの品種がどうして日本にあるのか（おそらく密かに持ち込まれたのでしょう）、まったくの謎です。

日本の研究者が世界で初めて濃い色をした紫サツマイモの新品種を開発し、さらに機能性を研究して、どのように加工して食べると健康に良い食品が作れるのかという、川上から川下に至るまでのデータを作成しました。このことを日本のサツマイモ関係者はもっと自慢していいと思います。

サツマイモ発祥地であるペルーとかメキシコでは紫サツマイモをほとんど食べていませんね。どこが最初に紫サツマイモを食べるようになったの

1　サツマイモ伝播の道をたどる

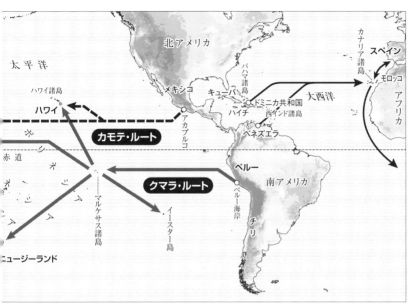

◀┅┅┅ は、ルーツ・プロジェクトの調査の結果立てられた、クマラ・ルートの新仮説ルートを表しています。

かはわかっていません。

　現在、紫サツマイモは中国でも盛んに開発されています。中国の人たちが研究を始めたのは、私がアヤムラサキを開発し、豊富に含まれているアントシアニン色素の機能性を発表した以後のことです。2009年に中国に行ったとき「紫イモを食べるようになったのは何年前からか？」と聞くと、「20年くらい前からだ」と言う。それは私が研究していた時期だよと言ったら驚いていました。つまり、中国ではそれまで紫サツマイモのことを知らなかったわけです。

　タイなど東南アジアに行くと、おいしい紫サツマイモがあります。「いつからあるの？」と聞くと、「大昔から食べている」という答えでした。このことからコロンブスは紫サツマイモを持ち帰っていないし、ヨーロッ

183

パ人は東南アジアに紫サツマイモを持ち込んでもいないと確信しました。

2010年にはバタータス・ルートの中継地であるスペイン領カナリア諸島に行きました。ここはモロッコに近い常春の島で、16世紀の大航海時代にはヨーロッパの玄関口でした。中南米とヨーロッパを旅する船は、行きも帰りもこの島を拠点としました。中南米から持ち帰った珍しい植物は、まずカナリア諸島で栽培されて特性を調べられたのです。この島の研究所ではサツマイモの古い品種を保存していますが、そのコレクションの中に紫サツマイモはありませんでした。一度は持ち帰ったけれど、"絶対食べられない"と考えて捨てたのかもしれませんが、遺伝資源としては残しているはずです。そこで私は**クマラ・ルート**がサツマイモ伝播の主要経路という結論に達したわけです。したがって、この本では、この立場で進めていきます。

ハワイにも紫サツマイモがある

ハワイでは紫サツマイモは王様の食べ物で、一般庶民は食べることが許されていませんでした。王様が食べていたのは「エレエレ」という品種で、いもは小さくて外側の皮が紫です。相当に古い品種で、アサガオのように竹をのぼっていく巻蔓性という原始的特徴を残しています。そのため収量的に低く、現在では栽培されていません。

いま食べているのは、「オキナワ」という沖縄から持ち込んだ品種だそうで、「備瀬」という品種ではないかと思います。この品種は沖縄や鹿児島で作られています。沖縄の読谷村の近くに備瀬という町があって、そこの地名から取ったものだといわれています。この品種はおそらく50年くらい前に東南アジアから入ってきたものでしょう。そして今度は日本からハワイに渡ったものでしょう。

こうした情報は調査前にはまったく知らないものでした。ハワイに行って現地の人たちと話してわかったしだいで、こういう新情報を得たことも今回の調査の成果です。

一方、ヨーロッパ人は、自分たちが南米からサツマイモをヨーロッパに運んで研究し、大航海時代にアフリカからアジアに広げたのだと主張します。

　バタータス・ルート、これはコロンブスやバスコ・ダ・ガマなどが活躍した15世紀から16世紀の大航海時代のこと。サツマイモは南米からヨーロッパに入って、それからアフリカ、インド、そして東南アジアから太平洋の島々にまで広がっていったという説です。たしかにアフリカの本土については、この説は有力です。

　しかしインド洋に面した島、マダガスカルについては少し違うと思います。というのも大航海時代以前から、インド洋ではポリネシアンの流れをくむマレー人が小さな帆船を操って活躍していました。マダガスカルの原住民はアフリカンではなくて、マレー系のアジア人なのです。移住のときには、航海にサツマイモを持っていった可能性がある。だからマダガスカルやインドのサツマイモについてはヨーロッパ経由ではなく、太平洋の島々を西に向かって広がっていったクマラ・ルートの延長線上に当たるのではないかと考えています。

　それからもう一つの**カモテ・ルート**、これは主にメキシコからの伝播を考えています。ハワイ諸島など太平洋のやや北寄りを巡ってフィリピンにまで着いたという考え方です。ガレオン船というスペインの大きな船を使った、メキシコのアカプルコからフィリピンのマニラまでの貿易航路がカモテ・ルートです。でも、このルートはそれほど大きな役割を果たしてはいないと思います。しかしながら、メキシコで栽培化したサツマイモが主にこのルートで東アジア圏に広がっていった可能性は高いでしょう。

　以下、少し詳しく言及しましょう。

第4章　サツマイモの歴史地理

クマラ・ルートはポリネシア人の業績

　このルートを担った主人公はポリネシア人です。ポリネシア人というと、われわれ日本人とは関係ないと思いがちですが、彼らは東アジアの南部にいた人たち、つまりお尻に蒙古斑という痣のあるモンゴロイドということでは日本人との類縁関係は深いですね。当然、縄文人の祖先である可能性もあります。

　現代人の祖先は中央アフリカで誕生し、いまから5万年以上前にアフリカを出て、シナイ半島を経て三方向に向かいました（定説ではありません。諸説のうちの一つです）。

　一つめの方向は、コーカサス山脈からバルカン半島を通って西ヨーロッパまで行った人たち。コーカソイドと呼ばれ、顔が細長く、鼻が高い白人やアラブ人の祖先になります。二つめは、シナイ半島からイランを通り、インドを経て、インドネシア、パプアまで行った人たちです。インダス文明のもとを作ったドラビダ人、あるいはオセアニアの原住民やパプア人たちで、モンゴロイドの仲間（原モンゴロイドあるいは旧モンゴロイドと呼ばれることもある）という説もありますが、熱帯圏で過ごしているためアフリカン同様に肌の色が黒いです。

　最後の三つめの方向は、はるばるコーカサスから東へ進み、アルタイ山脈を越えて東アジアに入った人たち、いわゆるモンゴロイドです。顔が幅広く、鼻が低く、お尻に蒙古斑があるのが特徴です。東アジア北部にいたモンゴロイドはいまから2万年くらい前、地球がまだ寒い頃のこと、凍り付いたベーリング海を渡り、アラスカを経て新大陸に渡った。これが北米のインディアンや南米のインディオなど新大陸の原住民になるわけですね。

　モンゴロイドの南進の有名な例としては、宮崎駿監督の『天空の城ラピュタ』で有名なラピュタ人があります。彼らは、東アジア南部のモンゴ

ロイドが台湾やフィリピン、ボルネオに渡り、ニューカレドニアのほうに進んでいった人たちといわれています。この人たちが紀元前2〜3千年前のラピュタ文化を担い、アジアで最初に農業や牧畜を始めたといわれています。

　彼らはさらに進みつづけ、マルケサス諸島を中心に、西はフィジーやバヌアツ、北はハワイなどを含むポリネシア圏を作り上げました。彼らはポリネシア人の祖先となりますが、オセアニアの島々には5万年くらい前からすでにメラネシア人やパプア人などの先住民が住んでいたので、彼らとも混血をして現ポリネシア人になったともいわれています。

　ポリネシア人はもともと文字を持っていません。砂に複雑な模様を描いて意思を伝達するという独特な絵文字みたいなものはありますが、文章として残るほどの高度な文字文化は持っていなかったといわれています。ただし、この人々が外洋の航海に使った木舟（双胴船）や彫刻（木・石・貝殻）など、ものづくりの技術レベルはすごく高いし、航海術にも優れていました。5000年くらい前から太平洋を船で移動し、南アメリカまで渡ってサツマイモを手に入れるくらいですから相当な航海技術ですね。一方、ヨーロッパの人たちは15世紀の大航海時代になって、やっと地中海の外に出るようになったわけです。モンゴロイドはあちらこちら移動していても、ヨーロッパ人のような好戦性はなくて、上陸地をすべて植民統治するという発想はなかったのでしょう。混血して、その地の生活にどんどん溶け込んでいってしまったようです。

　航海術に卓越していたポリネシア人たちは、西暦500年頃には南太平洋をどんどん東に進んでマルケサス諸島に、さらに南アメリカの太平洋沿岸まではるばる航海していったのではないでしょうか。周辺数千キロにわ

たって島のかけらもないようなイースター島にもモアイ像に見るようなポリネシア人の足跡があるのです。また西暦100年頃には、ポリネシア系のマレー人たちはインド洋を横切って、アフリカ東側の島、マダガスカル島まで行ったともいわれています。彼らマレー人は西暦500年から1000年頃にかけてインド洋を盛んに動き回っていたそうです。サツマイモというスーパーフードを得た彼らがインドやスリランカはもちろんのこと、アフリカのマダガスカルまでサツマイモを運んでいったことは容易に想像がつきます。

　ポリネシアの人たちは当時のヨーロッパ人には思いもつかないような「星を読んで方位を測る」という航海術を持っていたようです。だから、サツマイモをペルーから遠く離れた東南アジアにまで運ぶことがおそらく可能だったのでしょう。彼らが太平洋の島々を行き来し始めた当時のヨーロッパはローマ時代であり、地中海の船旅が航海のすべてでした。ポリネシア人の大航海時代はコロンブスたちよりもずっと古いではありませんか。つまり**バタータス・ルート**が主流だというのは白人の目線から見たサツマイモの旅だと思います。

　サツマイモが東南アジアに入ってきたのは、これまでに考えられてきたよりもかなり古いと思います。ポリネシア人が活発に活動していた西暦500年から700年の頃には渡ってきているのではないでしょうか。

　ポリネシア人の世界は、西暦1000年までにハワイやニュージーランドにまで広がりました。伝聞によれば、エクアドルには、インカに征服される以前にポリネシア人の集落があったようです。

　15世紀から始まる西洋の大航海時代よりもはるか以前から、ポリネシア人たちが簡単な双胴船に乗って広い太平洋を東西南北自由に動いていたというのは壮大なロマンですね。双胴船とは2艘のカヌー船を横に並べて

1 サツマイモ伝播の道をたどる

双胴船
原典：Grant, Glenn (2004年) "Hawai'i Looking Back: An Illustrated History of the Islands", Mutual Publishing.

真ん中を橋のようなものでつなげた船です。転覆しにくいし、速度も出る。つなぎ目となる橋の部分には小屋を作って荷物を入れたり、人が休んだりして、快適な船旅ができそうです。

　以上の話はまだ私たちの空想なので、これまでどこにも発表されていない考え方です。この調査が完了したあとで発表しようと思っています。
　ヨーロッパの人たちが地中海で終始していた時代以前に、私たちと同じルーツの人たちが太平洋を縦横に大航海をしていたことは驚きです。文字を持たなかったポリネシア人は記録を残すことがなかったけれど、航海術と冒険心は大変なものだった。ちなみに、ペルーから約8000km離れたポリネシアの島へと旅立った筏型帆船「コンティキ号」による冒険（1947年）は、ノルウェーのヘイエルダールがこれを追体験したものですね。

189

第4章　サツマイモの歴史地理

　ポリネシア人は大西洋の何倍も広い太平洋からインド洋にかけて航海をしていたと考えられます。例えばマダガスカルは、西洋人から見るとアフリカの島だけど、アジアの人たちから見るとインド洋の端にある島です。

　マダガスカルには、アフリカ産の背が高いヤシと東南アジアによくある背の低いヤシの2種類のヤシがあります。ボルネオにいたマレー人がマダガスカルにヤシを持ってきたようです。2つのヤシは植えてから収穫を始める時期も違います。背の低いほうが植えてから収穫までの期間が短いのです。また、背が低ければ木登りの必要もなくて収穫しやすい。だからアジアのヤシのほうが作りやすく、いまでも重宝されています。

　マレー人たちは、スリランカからインド洋に浮かぶ小さな島々を伝いながら、マダガスカルまで西へと向かって航海をしていったのでしょう。従来の説では、**クマラ・ルート**の終末点はインドネシアまでとなっていますが、マレー人の活躍があればインド洋を経てマダガスカルあたりまでは延びていると思われます。文献的に何も証拠が残されていないのは残念ですが、マレー人がマダガスカルに定着した事実を見れば大いにその可能性があります。

　マダガスカルの原住民たるマレー人は、蒙古斑があるのでモンゴロイドです。肌の色も本土のアフリカンのようには黒くないし、顔だちも違います。マダガスカルの地形を見ると、南北を背骨のように山脈が走っていますが、東半分のインド洋側は比較的雨が多くて植物がよく育ちます。しかし西半分のアフリカ側や南部は雨が少なくて砂漠みたいな土地のため人が住みにくい。マダガスカルの写真によく出てくる有名なバオバブの木のような奇妙な植物しか生えてない。アフリカ本土のタンザニアから移住してきたアフリカンの人たちは、砂漠側に着いて、だんだん南のほうに移動していきました。だから南部の地域は人の肌の色も真っ黒です。でも、首都

のアンタナナリボなど気候のいいところに住んでいる人たちはマレー系です。土地の人もサツマイモをよく食べています。フリーマーケットではサツマイモとキャッサバの茎葉が売られていました。

バタータス・ルートはポルトガル人の業績

　サツマイモがヨーロッパに運ばれていった経路について、サツマイモの「ルーツ・プロジェクト」ではカナリア諸島、ドミニカ共和国、ポルトガルなどに行って調査しました。

　このルートのパイオニアは、クリストファー・コロンブスとされています。ご存じのように、当時のポルトガル王室にはお金がなかったので、彼はスペイン王に援助を求め、その資金で大西洋を渡って、1492年に西インド諸島のキューバやドミニカ（ハイチ島の東部分）に到達しました。その後、コロンブスは何回も南米を訪問しているため、ヨーロッパに持ち帰ったとされるサツマイモがどこの原産なのかはわかりません。

　コロンブスが本拠地にしたのはドミニカです。彼はドミニカからキューバに何回もやってきて、最後には南アメリカの大西洋側の上のほう（ベネズエラあたりの海岸線）にまで旅をしているようです。でも中央アメリカやペルーなど南アメリカの太平洋側には行っていません。その行動をたどると、本拠地ドミニカに滞在する期間が非常に短くて、すぐに本国に帰るという感じです。どうも商売っ気が強かった人のようで、財産を貯め込んで自分のものにしてしまうため、スペイン皇帝が"こいつはインカの財産の独り占めをしそうだ"と判断し、貯め込まないよう短期間で呼び戻していたといわれています。

　コロンブスがヨーロッパにサツマイモを持ち込んだのは事実ですね。有

名な「コロンブスの手紙」の中にもサツマイモの記述があります。つまりドミニカかキューバにあったサツマイモが最初にヨーロッパ大陸に上陸したのでしょう。

　キューバやドミニカの先住民だったインディオのタイノ族（モンゴロイドです）がボリビアかペルーの方面からアンデスを越えて移動してきたということになると、コロンブスが持っていったサツマイモはペルー産のイモだったという可能性もあります。一方、地理的にキューバとドミニカはメキシコのユカタン半島にすごく近い。私はユカタン半島にいたインディオであるマヤ族の人たちも、メキシコ産のサツマイモを抱えてカリブ海を渡ってキューバやドミニカに来ていた可能性も高いのではないかと考えています。

　ともあれドミニカの人たちは現在でもサツマイモを大事な食べ物として敬っています。かつてのように主食ではありませんが、食べ物としての地位は高いのです。2015年4月に調査に行って、そのことがよくわかりました。

　カリブ海地域で一番大きい島はキューバ島です。その次がイスパニョーラ島（ハイチ島）で、この島は西側がハイチ、東側がドミニカ共和国です。ハイチの旧宗主国はフランス、ドミニカは初めスペインが宗主国で、あとからアメリカ領になります。ともかく歴史的にはいろいろな支配構造があって事情が複雑です。

　そのドミニカやキューバの先住民だったタイノ族がどこから来たのかはいろいろ学説がありますが、ペルーやボリビアの近くにいたインディオのアラワク族がアンデス山脈を越えてベネズエラ方面に移動していったという説が有力です。アルゼンチン側にいたカリブ族という非常に勇猛なインディオがボリビアのほうに移動を開始した。戦になればカリブ族のほうが強い。難を逃れるためにアラワク族は険しいアンデス山脈を越えてベネズ

エラ方面に移動していったというのです。その後、海を渡ってキューバやドミニカ、あるいはプエルトリコなどカリブ海の島々に渡ってタイノ族となったという説です。ドミニカのタイノ族は大航海時代にやってきたスペイン人によって皆殺しにされてしまいました。そのせいで労働力が足りなくなって、アフリカから黒人を奴隷として連れてくることになりました。タイノ族の血を引く人はベネズエラやプエルトリコにはまだかろうじて生き残っているそうですが、ハイチやドミニカではタイノ族の遺伝子は完全に消滅してしまったそうです。

試験地（テストファーム）となったカナリア諸島

　コロンブスをはじめとして、ヨーロッパ人がサツマイモを自国に持ち帰った動機を少し考えてみましょう。ポリネシアの人たちは、サツマイモがすごく重要な食べ物だとわかっていたのでとても大切にしました。しかし大航海時代のヨーロッパ人たちは"何か面白いものはないか""金儲けのネタはないか"と世界中を探し回ったあげく、新大陸を発見したわけです。お金になる品物、珍しい動植物があれば片っぱしからヨーロッパに持ち帰りました。サツマイモもその中の一つです。でも、紫色のサツマイモには手を付けていないようです。これは食べることができないと思ったのか、あるいはたまたまそこに紫サツマイモがなかったのかわかりませんが、ともかくヨーロッパに紫のサツマイモを持ち込んだ形跡はいまのところありません。

　大航海時代、カナリア諸島は旧大陸と新大陸の懸け橋でした。新大陸に行く船は必ずカナリア諸島に寄港して良い風を待ち、海流の様子を見て大西洋に旅立ちました。また、カナリア諸島は常春の島で暖かいため、どん

な植物でもよく育ちます。新大陸から運ばれた外来植物をヨーロッパ大陸に持ち込む前には、必ずカナリア諸島にある動植物の研究所で試験され、ヨーロッパの気候風土に適しているか、食べても大丈夫か、毒性や病気がないか、害虫などを持っていないかをチェックしました。そしてOKが出たものだけをヨーロッパ本土に持ち込んだのでしょう。チェック期間として2年くらいは必要です。タバコもそうした一例ですが、残念ながらニコチンの中毒性を見逃したために世界中の人たちがいま大変な目にあっていますね。

　カナリア諸島にはベルベル人が定住していました。ベルベル人はシリア付近にいた遊牧民ですが、イスラム勢力のアラブ人に追われて北アフリカを西へ西へと逃れ、モロッコからさらに150kmも離れたカナリア諸島にまで行き着いた人々です。アジア系で、宗教はイスラム教ではありません。この島々をスペインが侵略して、抵抗するベルベル人を皆殺しにしてしまった島もあるそうです。現在、ベルベル人はモロッコに一番多く住んでいます。

　カナリア諸島にはサハラ砂漠の小さな砂粒が海を渡って飛んできて、島の火山に当たって地面に落ちます。その細かい砂が溜まった場所があります。そこがサツマイモの産地になっていて、味も一番といわれています。2010年6月に私が調査に行ったときには、羊の糞を肥料としてサツマイモを植えているところでした。実際、ランサローテ島のサツマイモの味は最高でした。ここは砂漠と噴火口からできている島で、月の表面のようです。山頂にあるレストランでは溶岩の熱で焼いたサツマイモを食べることができます。さわやかな肉質とねっとりとした甘みを持っていて、塩辛く焼いたイワシとのマッチングは文句なしでした。灰色っぽい肉色で、繊維が非常に少なくて、さらっとした感じでほどよく甘い。日本の**七福**や**太白**に近いタイプの品種だと思います。深い穴が開いていて、先は地中のマグ

マ近くに達し、その熱を使って焼きます。大きな穴の上にこれも大きな網を置いて、アンチョビイワシとサツマイモを焼いて食べる。まさに長寿食です。

カナリア諸島でのサツマイモの作り方は日本と似ていますが、化学肥料は使わずに、羊の糞を使っています。良い餌がないので牛とか豚には不向きな土地です。羊はどんなものでも喜んで食べるので羊を飼っています。そのコロコロした糞をトラクターに積んで、畦を作るときに中に入れます。肥料はこれだけ（笑）。羊の糞は乾燥してコロコロしているから扱いやすいのです。

ヨーロッパのサツマイモはカナリア諸島を出発点として、フランスまで到達しています。ナポレオン皇帝の妻ジョセフィーヌはサツマイモが好きだったといわれていますが、寒い気候には不向きなのでフランスではサツマイモをほとんど作っていません。スペイン国王がジョセフィーヌのためにサツマイモを贈ったのだそうです。

ヨーロッパ本土での伝播地域は小さかった

ヨーロッパ大陸というのは、どこもカナリア諸島より寒く、そのためサツマイモが定着したのはポルトガル、スペイン、フランス、イタリア、ギリシャ、イスラエルなどの地中海沿岸地域に限られます。2015年6月に調査に行ったポルトガルでも、サツマイモは南の沿岸地帯、ジブラルタル海峡の近くにしかありませんでした。なにしろ内陸部は日本の北東北に相当するくらいの緯度ですから、内陸部に入ると寒くて栽培できないそうです。

ヨーロッパ全体ではジャガイモのほうが向いているため、どこでもジャ

ガイモを作っていますね。特に北ヨーロッパでは小麦よりも重要な主食です。だからヨーロッパではポテトといえばジャガイモのことであって、最近までサツマイモのことは話題にも上りませんでした。それでもポルトガルの生産地周辺では、ローカルな食べ物としてけっこうサツマイモが食べられています。

ポルトガルの郷土料理として、マッシュにしたオレンジ系のサツマイモとゆでたホウレンソウを混ぜ込んだ料理をよく見かけました。魚料理と一緒に出てきて、オレンジと緑の色彩バランスがとても美しいと思いました。他にもサツマイモは料理の材料としてよく使われていました。

驚いたことにドイツの企業がポルトガルで約100haのサツマイモ農場を経営していました。将来は500haまで規模を広げると言っていました。ヨーロッパでは、サツマイモが健康食であるというイメージが広まっていて、これからはオレンジ色のサツマイモがブームになると考えているようです。また、この農場では苗の増殖の効率化、栽培の機械化、そして選別・出荷のシステム化が進んでいることにとても驚きました。

ポルトガル発のサツマイモはアフリカ大陸へ

ポルトガル人がヨーロッパに持ち込んだサツマイモをアフリカにまで広げていったことは大きな業績だと思います。彼らは大航海時代にアフリカ沿岸にずっと移民基地を作っていきました。さらにポルトガル人のバーソロミュー・ディアスが1488年にアフリカ最南端の喜望峰に到着し、その後、バスコ・ダ・ガマが喜望峰を回ってインドまで達するインド航路を確立しました。ポルトガルはアフリカだけでなく、インドのゴアやマレー半島のマラッカなどの海岸沿いにも移民の拠点を作っていきました。そしてそこに必ずといっていいほどサツマイモを持っていっていたようです。だ

から現地の人は、ポルトガル人がサツマイモをヨーロッパから持ってきてくれたと思っています。しかしポルトガル人が来る前からサツマイモを食べていたと言っている人もいました。植民地になった国の悲哀として、植民地化される前の言葉、歴史、それに文化や風俗などは野蛮な時代の遺物としてすべて消されてしまいます。民族としての個性（アイデンティティ）や功績を示すものは現在何も残されていません。

　アフリカについて少し言及しておきましょう。アフリカ大陸の中で調査に入ったのは、2012年2月のモロッコと2013年12月の南アフリカです。南アフリカの主食はトウモロコシです。サツマイモは少数派で、生産量は約6万tくらいです。でもスーパーでは、オレンジや黄色など様々な種類のいもが販売されていました。モロッコのサツマイモはカナリア諸島から伝わったといわれています。生産量は1万tですからかなり少ないですね。酸性で乾燥した土壌ですから、私にはサツマイモの栽培に適しているように思えました。

　2009年12月に訪問したマダガスカルについてはアジアにカウントしたいと思います。ポルトガルでの聞き取りによれば、アンゴラやコンゴなど元ポルトガル領ではサツマイモの葉が野菜としてよく食べられているそうです。マダガスカルでもサツマイモやキャッサバの葉が野菜として売られているところをよく見かけました。

　東南アジアやアフリカの中央部、それに中国の南部、台湾、日本の奄美や沖縄などではサツマイモの葉を食べている地域がけっこうあります。サツマイモの葉は暑さに強く、栄養満点なスーパー野菜ですから食べないともったいないですね。葉をちぎっても次から次へといくらでも再生してきます。もちろん葉を取ったらいもの出来は悪くなりますが、小さいいもなら付きますよ。プランターや鉢などに植えておけば、夏の野菜の足しにな

ります。

　ちなみに、私は家の畑に4本の苗を植えておきます。1人あたり2本あれば夏の間は十分です。生の葉に肉や魚を巻いたり、塩麴漬けの葉を使って海苔巻きのようにご飯を巻いて食べることもあります。

　アフリカ大陸にサツマイモを広めたという点ではポルトガル人などヨーロッパ人の功績を認めますが、インドや東南アジア、それから太平洋の島々（ハワイやニュージーランドを含めて）にサツマイモを最初に広めたのはやはりポリネシアの人たちだと私は思っています。

カモテ・ルートはメキシコからフィリピン・北米へ

　メキシコからフィリピンを結ぶ**カモテ・ルート**は、コロンブスともカナリア諸島とも無関係のスペインによる貿易路ですね。メキシコのアカプルコからハワイやグアム島を経てフィリピンのマニラにつながる赤道北部のルートです。これはけっこう新しいルートで、大航海時代の最盛期にスペインのガレオン船によってメキシコ産のサツマイモがアジアに運ばれていったと思われます。

　もちろんフィリピンから中国や他の東南アジア諸国にも運ばれていったことでしょう。**クマラ・ルートやバタータス・ルート**によってベトナムやインドネシアなどに運ばれたサツマイモが、次に中国やフィリピンに入ったこともあるでしょうね。かつて中国でインドネシアやベトナム方面を蕃（ハン）と呼んでいて、サツマイモのことを蕃薯（ハンスー）と呼んでいました。そのためフィリピンは、クマラ・バタータス・カモテ、3つのルートの三叉路といわれているのです。

1　サツマイモ伝播の道をたどる

サツマイモ3ルートの三叉路

　ここで一度整理をします。サツマイモはポリネシア人に担われた**クマラ・ルート**によって原産地から西へ向かいました。つまり南米からマルケサス諸島を経て、ポリネシア全体に広がり、さらにメラネシアやミクロネシアの島々、インドシナ半島、インド、マダガスカルにまで達したのです。また、ボルネオから北上してフィリピンへと、さらに中国南部や琉球弧にまでたどり着いたと考えています。

　バタータス・ルートでは中南米からヨーロッパへ渡り、アフリカ大陸を下って、南アフリカ、タンザニア、それからスリランカ、インドを経て、インドシナ半島、インドネシアを経由し、フィリピンへと北上していきました。スペインのガレオン船に運ばれていった**カモテ・ルート**ではメキシコからハワイやグアム島、そしてフィリピンへと運ばれましたね。そして、この3つのルートが交わっているのがフィリピンだという考え方が三叉路説なのです。

　フィリピンでは、現地のタガログ語でサツマイモのことを「カモテ」と呼んでいます。紫色のサツマイモのことは特に「ウベ」と呼んで区別し、好んでスイーツやパンに加工しています。また、山岳地帯に住む少数民族にはサツマイモに絡む踊りや伝説があり、マゼランがやってくる以前からサツマイモが大事な食糧であったことが想像されます。

　ところで、ルート名となっている「クマラ」はニュージーランドではマオリの人たちが使っているサツマイモを表す言葉です。メキシコでは「カモテ」を使います。スペイン語やポルトガル語ではサツマイモは「バタータ」あるいは「バタータ・ドーセ」です。インディオやポリネシアの人たちが昔サツマイモのことをなんと呼んでいたのか。サツマイモのルート上

199

第4章　サツマイモの歴史地理

の国々は15世紀以来、欧米人の植民地となってしまい、先住民の文化や言語は消滅してしまったのでもう知ることがかないません。

とにかく、歴史的に一番古いルートがクマラ・ルートであることはまちがいありません。しかし植民地支配が強かった国や地域はサツマイモの現地名が残っていないため、呼び方からサツマイモのルートを推定していくこともできません。かつて英国領であったインド洋や南太平洋の島々ではサツマイモのことを英語で「スイートポテト」と呼んでいるところが多いですが、もともとは現地語の名称があったはずです。植民地化は言語を含めて先住民であるポリネシア人の言語や文化、すなわちアイデンティティをことごとく破壊していったことがよくわかりました。

ちなみに、サツマイモは南限がニュージーランドで、北限が韓国・日本・中国の黒竜江省あたりまでです。ヨーロッパでは地中海の沿岸部だけが栽培地です。ポルトガルやスペイン、それにイタリアやギリシャなどのラテン系の国々とイスラエルが中心で、地中海沿岸部の栽培面積というのは、全部合わせても1万haくらいではないでしょうか。なぜかアフリカ

新しい栽培法の開発者は……？

サツマイモが東アジアやニュージーランドに入るとき、大きな課題がありました。熱帯地方ならばいつでもサツマイモが育ち、ツルの先を植え継いでいけば連続してサツマイモを栽培することができますが、東アジアは寒いのでサツマイモの苗は越冬できません。これを乗り切るため東アジアやニュージーランドでは種いもを貯蔵して、春に苗床を作り、苗を伸ばして畑に植えるという新しい栽培法が開発されました。苗を一斉に植えるようになったので、長い畦を作ることも必要になりました。

この栽培法でなければ東アジアやニュージーランドでサツマイモを作ることはできなかったのです。それにしても、この栽培法を開発した功労者はいったい誰なのか。これは現在でもミステリーなのです。

側のイスラム国家ではサツマイモがあまり見当たりません。

　三叉路といわれているフィリピンには多くのサツマイモの遺伝資源が存在しているといわれていますが、2014年12月に訪問したパプア・ニューギニアでも、赤道に近いせいでサツマイモの花がいつでも咲きます。そのため農家の庭先でも自然に交配種子ができます。庭に落ちて芽が出た中からお気に入りのサツマイモを選んでいくことで絶えず新品種が生まれています。現地の研究者によれば、これまでに栽培された品種の数は7000以上あるそうです。

　ともあれ3つのルートは交錯していますから、3つのルートによって東南アジア方面に入ってきたものが、中国南部の福建を経て東アジアに入ってきたと思います。だから**日本にはどのルートからサツマイモが入ったかということはわかりません。**

2 サツマイモが広がっていくとき

サツマイモの正規ルートを語ったあとは、サツマイモの伝播・拡散の実際について明らかにしていきましょう。

門外不出の種いも——その移動は決死だった

ポリネシア人は航海中に、サツマイモを自由に持ち歩いて食べていたと思います。しかしフィリピンのルソンから明国、それから琉球、薩摩へと北へ広がるとき、サツマイモは門外不出の禁制品ともなっていたようです。お米があまり取れない鹿児島ではサツマイモが貴重な食料となり、藩外への持ち出しは厳しく制限されたといわれています。

コロンブス以降のスペインやポルトガルなどラテン系の人たちは気楽に世界中にサツマイモを広げていったのに、東アジアの人たちはなぜか閉鎖的ですね。ヨーロッパ人やポリネシア人は、なぜ東アジアに入ってからサツマイモの移動がそんなに閉鎖的になったのか、不思議に思っていることでしょう。

一つの見方はこうです。前述のとおり、サツマイモは種いもがなくてもツルがあれば増殖できます。種いもか苗のどちらかがあれば栽培が可能です。こういう簡単に増やすことができる作物はあまりありません。もし二国間が険悪な関係にある場合、相手の国が飢饉になって弱体化すれば攻め込むチャンスが生まれます。こちらがサツマイモを持っていたら同じように弱体化することはないので、戦いには優位を保てたことでしょう。サツマイモというのは、国や地域を守るための戦略的な食べ物だったとも考え

られます。

　文献によれば、明の時代にルソン（フィリピン）から福建に入ったサツマイモが"中国初上陸"だといわれています。ところが、当時のフィリピンはスペインが支配していて、サツマイモは門外不出だったそうです。しかし中国の南部で飢饉が発生し、このときに陳振流さんという商人が命がけでルソンからサツマイモを持ち出したといわれています。おかげで多くの人々が餓死から救われました。サツマイモを広めたのは福建の官僚である金学曾さんという人で、のちに彼は英雄になりました。そのため中国ではサツマイモのことを「金薯」と呼ぶこともあります。

日本のサツマイモは中国から来た

　ここで中国のスケッチを少々。2012年6月に中国の福建省と海南島に行きました。地元の研究者たちと懇談し、サツマイモの中国伝来について話を聞いたところ、様々な説があるとのことでした。中国に一番初めにサツマイモがベトナムを通じて陸路から入ってきたのが広東（1580年頃）。海を通じて入ってきたのが福建といわれています。福建の人たちは、1593年に陳振流がフィリピンのルソンから福建省福州市に持ち込んだものだと主張していますが、海南島の人たちはもっと以前からサツマイモを作っていたと言っていました。

　中国へのサツマイモの持ち込みのいわば先陣争いです。両地域でサツマイモはおれのところが最初に作ったのだと自己主張していますが、実のところどちらが一番かはわかりません。ともかく16世紀の明の末期には混乱が多く発生し、そのたびに食糧危機が起こりましたが、サツマイモを植えてから餓死者が出なくなったそうです。また明代以降、中国では人口が非常に増加していきましたが、その増加が可能であった裏には中国の人た

ちの食を支えていたサツマイモの存在があったことを忘れてはいけないと思います。その故事もあって、中国南部の人たちはサツマイモを"貧者の食べ物"だとは言いません。海南島には大きなサツマイモのモニュメントがあり、「サツマイモを食べる長寿村」という大きな看板まで立っていたのには笑いを禁じ得ませんでしたが。

　日本と比べて中国のサツマイモ調理は簡単です。ほとんどがふかしてそのまま食べるか、団子にするか、あんこにして油で揚げるくらいです。驚いたのは紫イモのジュースがあったことです。これは最近になって広まったらしいのですが、スムージーのようで意外とおいしく飲めました。
　福建や海南島では米が主食です。サツマイモ自体は副菜ではなくて、おやつのようなものです。サツマイモの葉は重要な野菜として炒めてから食べていました。そして海南島では農家が自家製のいも焼酎を作っていました。インターネットによれば、いま中国では紫系のサツマイモがブームとなっていて、品種の育成も急ピッチで進んでいるようです。

「日本のサツマイモの故郷」とされる福建省

　サツマイモへの日本伝来について、定説では、明朝末期にあたる1594年にフィリピンのルソン島から中国の福建省に伝わったサツマイモが、わずか11年後に琉球に持ち込まれたとされています。そして1698年に種子島へ、1705年には鹿児島の薩摩半島に入ったということです。
　福建省は山が多いためサツマイモの栽培面積はそれほど多くはありませんが、苗床を作るなど、栽培方法は日本と類似しています。この点、熱帯圏に近い海南島の栽培方法とは異なります。
　海南島では1年を通じてサツマイモが栽培できるので、特に苗床は作り

ません。また、海南島でのサツマイモ栽培の歴史は福建省より古いようですが、まだ確認ができていません。品種としては昔からあるものを作り続けているということで、小さいいもを皮付きのまま煮て食べるそうです。

　明代の海南島には日本人がよく行き来をしていたので、彼らがサツマイモを日本に持ち込んだとしてもおかしくはないと思います。

近代日本のサツマイモ

　話をその後の日本に戻しましょう。江戸時代の18世紀に大きな飢饉が起こり、徳川将軍の命により青木昆陽が関東にサツマイモを広めました。それからはいろいろな品種が自然発生的に広がっていきました。サツマイモのように種いもから苗を増やすような作物ではよく突然変異が起きて、元の品種の性質が変わります。果樹でいう「枝変わり」のようなものです。それでいくつかの品種が自然発生的に生まれています。

　例えば、**紅赤**は八ツ房からの突然変異で生まれたものです。それを農家が見つけて普及させた。**ツルなし源氏**というのも**源氏**という品種の中でツルが伸びないものを農家が選び出したものです。

　明治以降になると、国が音頭を取って本格的にサツマイモの交配育種を始めます。沖縄では自然条件下でサツマイモの花が咲くので、交配は沖縄で行いました。太平洋戦争で沖縄がアメリカに接収された後は、鹿児島県の指宿で温泉熱を使いながら、前述したように工夫した開花方法を使って交配種子を取り、育種活動を続けました。日本人を戦後の飢えから救うためにがんばったわけです。

第4章　サツマイモの歴史地理

昔の品種を保存することが大切

　2013年9月28日〜10月5日の8日間、ミャンマーへ調査に赴きましたが、ここでは次のようなことがありました。

　インドシナ半島の歴史は大変に複雑です。とりわけミャンマーは人種のるつぼであり、140以上の種族がいて言葉や服装、生活様式も違います。その中で一番力を持ったのがビルマ族です。この国の面積は日本の約1.8倍、いまはネピドーが首都になっています。北部には麻薬となるケシの栽培で有名なゴールデントライアングル（タイやラオスにまたがっている）があって、現在はコーヒーやサツマイモの栽培に切り替えているそうです。

　私が訪れたサツマイモ畑は普通のゴム園の中にあり、ゴムの苗木と一緒にサツマイモが植えてありました。所有地があまり広くないので土地の有効活用です。東南アジアではヤシとサツマイモ、バナナとサツマイモが同時に植えられることもあります。私が訪れた畑では**ベニアズマ**に似た赤い皮のサツマイモが栽培されていて、植え付けてから3カ月くらい経つと収穫できるとのことでした（日本だと5カ月以上かかります）。アリモドキゾウムシがいるので3カ月以上は畑におくことができないという事情もあります。

　500年前にポルトガル人がミャンマーにやってきましたが、そのときにサツマイモを持ってきたと言われました。フィリピンから来たという説も聞きました。しかしサツマイモ伝来はもっと古いだろうと思います。植民地になった国の常として植民地以前の歴史はわかりません。

　ミャンマーのサツマイモ食を少しスケッチしておきます。この国の人は落花生が好きで、ピーナッツ油で炒めたサツマイモに塩を付けて食べます。日本の大学いもでは砂糖を付けますが、ミャンマーでは塩です。また、

ミャンマーでは食用油といえばピーナッツ油です。中国だとごま油、ヨーロッパならオリーブオイルという具合に国によって食用油も好みが異なりますね。

この国のサツマイモ生産量は日本の180分の1くらい、栽培面積はおよそ7000ha、茨城県のサツマイモと大体同じ面積です。3カ月で収穫するために収量は日本の3分の1程度、とても少ないです。お米の国ですから、サツマイモは主食ではなくて子どものおやつです。価格は1kgで50円くらい。ミャンマーの物価は日本の5分の1ですから、それほど安くはありません。きっとお米より高いでしょう。いま作っている品種は中国からもらったものだと言っていました。そのほかに選抜した良い品種が7つほどあるそうですが、新しい品種が普及したために昔の品種は捨てられてもう手元にはないそうです。

ここで注意しなければならないこと。それは**昔の品種がなくならないよう気を付けなければいけない**ことです。研究者が新しい品種を作るときには、昔の品種である遺伝資源が重要な役割を果たすからです。新しい特性を持ったサツマイモを作るには昔の品種が必要なのです。しかしミャンマーのような新興国では収量も上がらず、おいしくもない昔の品種を残しておく余裕はありません。古いものは捨て去って、市場価値の高い新品種を作ります。その結果、将来役立つ可能性のある古い品種が消えてしまうわけです。ですから先進国の研究機関は昔の品種を保存する責任がありますね。人類の宝として、そのような品種を残しておかないと新しい研究はもう生みだすことができないかもしれません。

人間でもいま必要とされるエリートだけを残せばいいかというとそうではないでしょう。いろいろなタイプの人間がいないと、変化が生まれません。同じタイプばかりで変化に乏しければ、環境が変化した場合に生き残

ることができなくなります。動物にしても植物にしても、生きものは多様性を守っていくこと、それがとても重要なことだと思います。

　スケッチをもう一つ。南太平洋のパプアでは、自然にサツマイモの花が咲いて実をつけます。庭で芽が出た中から一番気に入ったものを苗として残します。だからパプアで品種の数を問うと「無限だ」と言って笑います。では「以前作ったサツマイモを保存しているのか」と聞くと、「捨てて、残っとらん」と言うのですね。新しくてより良いものが見つかれば前のものは構わずに捨ててしまいます。日本では研究機関で約2000種のサツマイモを保存していますが、パプアでは農家の庭先でいろいろな種類のサツマイモがいつも生まれてきているわけですね。

　パプアのサツマイモは思ったよりおいしく、日本人にも受け入れられる味だと思いました。ただ、主食として食べているためか、味はあっさり系です。甘みやねっとり感などはべにはるかのレベルには遠く及びませんが、**高系14号**並みのおいしさはあります。

　驚いたことに、収穫までの日数が短い品種があるということです。最も短い品種ではわずか70日で収穫できると言っていました。パプアの気候や土壌条件がサツマイモに向いているのでしょう。農薬は一切使わないのに、葉には虫に食べられた跡がほとんど見られませんでした。パプアでは、輪作としてトウモロコシや人参も作っています。トウモロコシには肥料をやります。その後は肥料なしにサツマイモやニンジンを作ると言っていました。だから、サツマイモは有機栽培ですね。みんなサツマイモが大好き。人間だけでなく、犬もサツマイモが主食だそうです。

　とはいえ熱帯圏にある新興国も生活が豊かになり、以前よりサツマイモを主食とする国は少なくなりました。東アフリカの一部とパプアやオセア

ニアの島々くらいでしょうか。このことはこれで結構だと思います。食生活が豊かになれば、主食・副食という区別もなくなっておいしいものをいろいろ食べることが可能になります。カロリーを取るのに安価なでんぷん作物に依存してきた人たちが、お金を得るにしたがって肉や乳製品、果物や野菜を多く摂るようになるのは当然のことだと思います。

　世界を回って驚いたのは、実はサツマイモは安くないということです。東南アジアでは米のほうが安いのです。また、最近の日本でもスーパーではサツマイモの値段は米より高いでしょう。

　10a あたりの労働時間を見ると、手仕事の多いサツマイモの栽培では機械化の進んだ米や麦などに比べてはるかに労力がかかることがわかります。ただ、サツマイモのほうが収量性がかなり高いため、労働コストを補完しています。一方、海外では、米や小麦よりサツマイモの値段が数倍高いですね。日本で、でんぷん原料用や焼酎原料用となるサツマイモの値段は国際的に見て決して高いものではありませんが、このことは消費者にはあまり知られていませんね。

新興国のサツマイモ事情

　南太平洋の島々は暖かくて食べ物が豊かです。海に囲まれて魚も豊富。ヤシもあり、バナナもサツマイモもあるから餓死しない。寒くないから衣類もいらない。サツマイモは生育が早くて、3〜4カ月でいもが大きくなって収穫ができる。キャッサバやタロイモだと収穫までに1年以上かかります。栄養があって、保存も楽で、生でも食べることができるから、サツマイモがあれば移住した場所で食べ物が見つからなくてもなんとかなるでしょう。中南米のインディオが移住していったカリブ海の島々、そしてポリネシアやミクロネシアの島々ではサツマイモが大事な食べ物になって

第4章　サツマイモの歴史地理

います。

　生産量の面で見ると、アフリカの国々でサツマイモが増えています。ウガンダ、ルワンダ、タンザニアといった東アフリカの国々ではサツマイモを主食の一つとして1人あたり年間100kgくらい食べています。カロテン系もありますが、準主食なので高でんぷん（高カロリー）タイプが求められています。甘くないいものほうがたくさん食べることができて、カロリー源になるそうです。甘くなくて高でんぷんというと、ほくほくよりもっとパサパサした粉質タイプの品種になります。でも最近では、子どもがビタミンA不足による夜盲症に罹るのを防止するため、カロテンを多く含むオレンジ系のサツマイモが必要だという意見も多々聞きます。

3　国ごとのサツマイモ

　ペルーあるいはメキシコから出発したサツマイモの旅はフィリピン付近で3つのルートが交差し、その後は温帯圏へと向かい、日本・中国・韓国・アメリカなどが行き着く先となりました。
　そうして広がったサツマイモ世界は、国によって品種も用途も異なるサツマイモを生産していきます。

生産量で日本を抜く最近のアメリカ

　世界全体の生産量は約1億tで推移しています。
　アジアは、もともとサツマイモの生産が多い地域で、様々な形でサツマイモが利用されています。中国だけで世界全体の7割以上を占めていますが、中国ではでんぷん加工、家畜の飼料用が中心です。東南アジアだと町中ではおやつ、田舎では準主食としての利用が多いでしょう。そうした中で日本はサツマイモの機能性や栄養成分の研究が進み、世界をリードしています。いまでは中国や韓国はもちろんのこと、インドネシアやフィリピンでも「ポリフェノールなどを含む機能性食品」「ビタミンやミネラルを含む準完全栄養食品」という観点から、サツマイモをもっと国民に食べてほしいというキャンペーンがなされています。
　さて、日本・中国・韓国以外でサツマイモを重視している温帯圏の国というと、ちょっと意外に思われるでしょうが実はアメリカです。
　アメリカも一時は生産が減少して3万haまでになったのですが、数年前から復活してきました。いまは4万haを超えるほどにまで増えました。アメリカ人が食べている量は年間1人あたり2kgくらいです。特にアジ

第4章　サツマイモの歴史地理

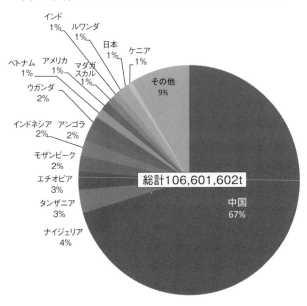

図4　世界のサツマイモ生産量（2014年）国別の割合

出典：HP「Global Note」の「世界のサツマイモ生産量 国別ランキング・推移」をもとに作成。

ア系やヒスパニック系の人に好まれている食べ物です。でもアメリカはジャガイモの国ですから、栽培面積を比較するとジャガイモがサツマイモの約10倍になります。

　アメリカ人はもっぱらオレンジ色のサツマイモを好みます。食物繊維やβカロテンが多く、乳児の離乳食としてよく使われています。冷凍チップに加工されたものはスーパーで売られていて、家庭ではそれをフライにして食べています。冷凍チップはヨーロッパにもたくさん輸出されています。また、サツマイモは大豆、米、小麦と違ってアレルギー成分を含まないので、子どものおやつ、嚥下力の衰えた高齢者や病人などの介護食、病院食

などとして最適です。

　オレンジ系のサツマイモは水分含量が多いので、加熱後にペースト加工して、パイやベビーフードの原料にしています。最近では生のオレンジイモをいろいろな形にカットし、冷凍品にした状態でファストフード店やレストランに販売しています。カロテンをニンジン以上に含むので、ジャガイモより栄養価値が高いですね。大手ハンバーガーチェーンのバーガーキングではフレンチフライとしてジャガイモの代わりにサツマイモを使う場合もかなりあるということでした。イギリスはアメリカからサツマイモを相当量輸入しています。アメリカやイギリスではオレンジ系のサツマイモは「ヤミー（おいしい）」という愛称で親しまれ、生産量もぐっと伸び、その結果としてアメリカの生産量が日本を追い抜きました。

　アメリカにおけるサツマイモの産地は、ノースカロライナ、サウスカロライナ、ミシシッピ、ジョージア、ルイジアナ、フロリダなどの南部諸州と太平洋側にあるカリフォルニアです。ルイジアナとフロリダは沖縄と同じ亜熱帯ですが、あとの地域は温帯気候に相当し、日本でいえば九州から関東に相当します。ノースカロライナよりも北になると、サツマイモにとって寒くなりすぎます。南部でも、あんまり南端になるとアリモドキゾウムシがいるので、せっかく収穫したサツマイモは他地域に流通できません。

　南部では主としてオレンジ色のねっとり系のサツマイモが作られていますが、西部のカリフォルニアではほくほく系で黄色いイモ、例えば**高系14号**が東アジア系の人々によって作られています。アメリカ全体でオレンジ系対黄色系の栽培比率は10対1くらいでしょうか。

　アメリカのサツマイモは、日本とは違って数百ヘクタール規模の大農場

で作られています。植え付けから収穫までの農機具もすべてケタ外れに大きい。北海道の大規模なジャガイモ農場に似ています。苗床の作り方もすさまじいです。大型のトラックに種いもを積んで、溝を掘って作った苗床の中に種いもをどんどん落としていき、ブルドーザーでその上に土をかけていきます。採苗時、日本ではハサミで苗を1本ずつ切り取りますが、アメリカではバリカンみたいな農機具でザクザク刈り取っていきます。さすがに植える時には人手によって苗の長さを切りそろえますが、その採苗スピードには驚かされます。収穫作業も大がかりです。大きなトラクターで収穫機2台を引っ張って、2列の畦を同時に収穫していきます。収穫機にはそれぞれ搬送用の大型コンテナ（$1m^3$くらいありそう）が付いていて、掘り上げたいもは次々とコンテナの中に消えていきます。コンテナに落下する際にはいもに多少の傷は付きますが、生産コストは大幅にダウンするでしょうね。色や形が揃っていて、味も悪くなければそれで構わないというとても合理的な考え方です。

　青果用のサツマイモの場合、日本ではコンテナの大きさは手で運べるサイズの20kg入りです。掘り上がったサツマイモを一つ一つ傷が付かないように丁寧にコンテナに入れていきます。もちろん、いもに多少の傷が付いても構わないようなでんぷん原料用や焼酎用では500kg入りのフレコンバッグを使っています。

　アメリカのようなやり方は、オーストラリア、ニュージーランド、ポルトガルでも見ることができました。それらの農家はどれも100ha以上の農場を経営しています。日本だと大規模農家でも50haくらいですが、アメリカで私が訪問した大規模農家は800haを経営していました。脱サラしてサツマイモ作りを始めたそうですが、アジアや太平洋の島々ではこのように大規模なサツマイモ畑を見たことがありません。

　アメリカでサツマイモは、一応、健康食品としてのステータスは認めら

れていますが、日本のように機能性の研究はまだ進んでいませんし、紫系のサツマイモも見たことがありません（ハワイは例外）。ちなみに、ノースカロライナ大学では私の後を追うように観賞用（デコレーション用）品種の開発が進められています。

オレンジ系のサツマイモ

　アメリカや南米の国では、サツマイモ、特にオレンジ系のサツマイモを肉料理と付け合わせ、料理に彩りを添えます。もちろん緑黄色野菜として肉料理との栄養バランスをとるという意味でも合理的です。また、サツマイモの品種の中にはジャガイモのように甘くないものもありますから、サツマイモはジャガイモ以上に食材としての幅は広いと思います。肉色（いもの中の色）も白、黄、オレンジ、紫など色とりどりですし、葉も茎も料理に使うことができるサツマイモは優れた野菜です。

　簡単なサツマイモの料理を一つ紹介します。サツマイモを短冊状に細長く切ってから湯通しして、豚肉と一緒に炒めるとシャキシャキしてとてもおいしいですね。オレンジのサツマイモを使えば色もきれいです。短時間の調理ですから甘さも控えめで、ちょうどいい感じになります。

　人参いもというねっとり系で甘い品種がありましたが、収量が少ないので現在は栽培が途絶えています。子ども時代、私はこのいもが大好きで、黄色いいも（**紅赤**だと思います）よりも好んで食べましたが、当時は農家の自宅用で市販されていなかったと思いますね。そこで私たちはオレンジ系のおいしいサツマイモを売り出そうと思い、**ベニハヤト**という品種を作りました。

　鹿児島では**ハヤトイモ**（人参いもと同じかもしれません）という古い品種

がまだ手に入ります。ベニハヤトはこのハヤトイモを改良して作りました。鹿児島県ではお菓子にオレンジ系や紫系のサツマイモが使われています。でも、首都圏まではなかなか出回っていませんね。鹿児島では黄色系はもとより、オレンジ系や紫系など多様なサツマイモが栽培されています。

　一般的にオレンジ系のサツマイモは甘いものが多いのですが、水分や繊維が多くて、いままではあまりおいしいとは思いませんでした。そこで繊維や水分を減らして味を改良したものが**サニーレッド**や**アヤコマチ**という品種です。新しいオレンジ系の青果用品種の誕生ですね。アヤコマチは九州や関東でも少量作られていますが、ブランド化されていて値段が高いですね。いもの皮は鮮やかな赤色をしていて、紡錘形の美しい形をしています。収穫したてのいもでもおいしく食べることができます。最も新しいオレンジ系の**タマアカネ**は、いも焼酎「茜霧島」に使われているサツマイモで、収量がとても多く、カロテン含量も非常に高いので、ニンジンの代わりに調理用としても使うことができます。

日中韓サツマイモのお国柄

　東アジアに位置する日本・中国・韓国でも、サツマイモ利用状況は三者三様です。つまりその国のマーケットを反映して品種作りが進められているわけです。

　中国ではでんぷんや飼料用のサツマイモが重要だし、韓国では青果用です。2014（平成26）年11月末に鹿児島で開催された「第6回日中韓サツマイモシンポジウム」での研究発表を見ると、最近では日本のようにサツマイモの栄養や健康機能性に注目した品種開発（例えば、紫系のサツマイモ）が盛んになっています。

新しいタイプの品種開発に際しては、まずはターゲット設定、つまりどういう特徴のあるサツマイモを開発するのかという目標を決めることが大切です。サツマイモという作物が持つ潜在能力をしっかりと理解し、何が私たちに役立つ特性なのかを決めて、それを最大限に生かすということ、それが品種の開発競争で先頭を走るポイントです。中国や韓国にはサツマイモについての基本的な知識の集積がまだ少ないと思います。ですからいつも日本の後追いにならざるを得ないわけです。

　しかし、いったん新しい品種が日本で開発されれば、他の国でも類似品種を作ることはそれほど困難ではありません。新しい品種を開発したときに、私たちは交配にどんな親を使い、どんな特性を対象に選抜を行ったのかをすべてオープンにしていますから、それをなぞるのは簡単なことですね。特に中国はサツマイモを戦略的に考えているので、かなりのお金と人を注ぎ込んで研究しているのですぐに追いついてきます。このことは電気製品や自動車など他の商品について見られるとおりです。でも先進国は基礎的な研究をしっかり行って、画期的な新商品コンセプトをつくり上げ、実際に新商品を開発することが役割でしょう。新興国に追いつかれることを恐れて秘密主義に陥るような狭い了見であってはいけないと思います。

進む中国の品種改良技術

　将来、日本の競争相手となるのは、やはり同じ温帯圏にある中国やアメリカでしょう。でもアメリカはオレンジ系に特化しているので、結局は中国が競争相手になるでしょうね。

　中国のサツマイモ研究の中心は江蘇省西北部の徐州市にある「徐州甘藷研究センター」です。ここには日本と同じくらいのサツマイモの遺伝資源が保存されています。その他にも四川省や遼寧省などサツマイモを多く栽

培している所にはサツマイモ専門の研究部門が置かれています。また杭州や北京の大学などにもサツマイモの研究者が大勢います。中国におけるサツマイモ研究者の総数は100名を超える規模でしょう。もちろん世界最大です。ちなみに日本のサツマイモの研究者数は、国と県の試験場を合わせても10名くらいではないでしょうか。最盛期に比べて何分の1かですね。大学にはサツマイモの研究者はほとんど生き残っていません。サツマイモの本場である鹿児島の大学にもサツマイモを専門とした研究者がいないのですから本当に残念なことです。私がサツマイモの研究を始めたときには、京都大学、名古屋大学、三重大学、それに鹿児島大学などにサツマイモの研究者がいて皆で共同研究を行っていました。

　中国はサツマイモの栽培面積が日本の100倍以上ありますから、面積あたりの研究者数となると日本のほうが少し多いと思います。それから中国の研究者の質も一部を除くとまだ低いので戦力的には日本が上でしょう。団塊世代の研究者が引退している現状で、日本の研究者の質を維持できるかどうか正念場に差しかかっています。日本のサツマイモ、将来が本当に心配です。

韓国のサツマイモ事情

　韓国については、葉柄をキムチにして食べることを除けば、青果用のサツマイモに関して日本と同じ状況ですね。韓国のサツマイモは気候の都合で南部地域が産地になっています。

　この国を訪れて面白かったのは、サツマイモを縦に長くスティック状に切ったものを揚げて、白砂糖をたくさんまぶして売っていたことです。道路のサービスエリアではどこでも大きな紙袋にこの商品を入れて売っていて、けっこうな人気でした。

畑では、私の在籍した研究室が以前に作った青果用品種ベニオトメがたくさん栽培されていました。それまで韓国にあった品種よりきれいに整った紡錘形をしていて、味も良いので栽培が増えているそうです。

　韓国では小さめのサツマイモが人気のようで、かわいらしいパッケージの箱に 100g 程度の小さいいもを入れて高値で売っていました。中国の海南島でも同じように小さなサイズのいもを集めていました。

　中国ではでんぷん原料用としてサツマイモがよく使われていますが、韓国ではサツマイモからでんぷんを取ることはないようです。

4 サツマイモの国際戦略性

自由貿易とサツマイモ

サツマイモは小麦や米、大豆とは違って貿易の世界で華々しい商品になっているわけではありませんが、実はなかなかに興味深い存在なのです。

かつて日本でサツマイモでんぷんの生産が華やかだった時代、国はサツマイモを特用作物（加工用の原料作物）として位置づけていましたが、いまでは野菜扱いとなっています。このため畜産や米・麦のように余計な生産規制はありません。収量や品質などは世界最高水準なので、国際的な競争力があります。青果用のA級品は別にして、一般的な市場価格も決して高くはありません。つまり、いかようにも発展させられる伸びしろの多い農作物なのです。

米、麦などの穀類や豆類のように種子を使う種子作物およびジャガイモでは農作業がほぼ完全に機械化され、近い将来はロボット化さえも可能だといわれています。しかしサツマイモの栽培では、ツル刈りや掘り取りなど一部の作業を除いて手作業の部分が多いので、種子作物のように「大規模農業のメリット」はあまり認められません（p.144参照）。アメリカのように移民の労働力が安く豊富に確保できるならともかく、一つの農家で何百ヘクタールも栽培することは通常不可能です。

だから、世界的に見て、サツマイモの価格は新興国でも（ローカルマーケットで）1kgあたり安くて20円くらいです。都市のスーパーに行けば100円くらいになるでしょう。先進国のマーケットでは1kgで500円くらい。日本では、でんぷん用は1kg 30円強で、焼酎用は50円、加工用にな

れば80円くらいです。これらは市場を通さないで、企業が農家から直接、あるいは集荷業者から買い付けるから安いのです（p.152参照）。

　国際的な自由貿易関連でいうと、サツマイモはコーンスターチやキャッサバでんぷんの輸入と競合していますが、これらはすでに自由化されているので影響はないでしょう。安価な冷凍加工品、特にアメリカのオレンジ系サツマイモの冷凍チップスがどっと押し寄せてこないかが心配です。植物防疫法による制限のために生いもは日本に上陸できませんが、乾燥品、冷凍品などに加工した後ならば自由に輸入が可能です。

中国で戦略物資である事情

　中国はサツマイモのことを戦略的な作物と位置づけて研究に力を入れています。アメリカはヨーロッパやイギリスの健康志向ブームを狙ってオレンジ系のサツマイモの輸出を始めています。ポルトガルでもドイツの会社が輸出用のサツマイモを作り始めました。農産物を戦略物資として考えている国は多いのです。例えば、ブラジルはサトウキビ、アメリカはトウモロコシ、東南アジアのタイ・ベトナムはお米ですね。日本よりもはるかに農地の少ないオランダやベルギーでさえも農産物の輸出では世界で10本の指に入っているというのに、日本は戦略的な作物を何も持っていないのです。

　いま中国ではエネルギーの面からもサツマイモに力を入れています。石油だけに頼ってはいけない、バイオや太陽などを活用してエネルギーの多様化を考えなくてはいけない、という方針でしょう。

　サツマイモを発酵プラントに入れてアルコール発酵させ、何回か蒸留すれば度数が99％以上のエチルアルコールができます。アルコール発酵から出るドロドロした残渣をさらにメタン発酵させてメタンガスを回収し、

ガスタービンを回せば発電することができます。その後の残渣である消化液は畑にまけば肥料になります。これでアルコール工場からメタン発酵へ、そしてまた残渣を畑へと循環系が完成します。日本では都城市にある霧島酒造がすでにこの循環系を活用して、2000世帯分の電力を起こしているそうです。会社で使う電気を作るだけでなく、3分の2の電力は余っているから売電している。その売り上げだけで年間1億円を超えるというからなんとも爽快ですね。

日本のサツマイモの将来

　前述のとおり、日本のサツマイモの栽培面積は最盛期（昭和20年～30年代前半）には40万ha前後でしたが、いまは4万haを切っています（p.17参照）。最近では急速に栽培面積を拡大してきたアメリカに追い越されました。

　これから日本のサツマイモの選ぶべき道は、オレンジ系と紫系の市場開拓だろうと思います。これらの有色サツマイモは栄養と機能性（特に抗酸化作用）の点で黄色系に勝っています。紫イモはポリフェノールの仲間であるアントシアニンが豊富ですから強い抗酸化作用を持っています。

　人間は呼吸によって体内に酸素を取り込むから、血液は常に酸化状態になります。一方、血液中にはSOD酵素といって酸化を防止する働きをする酵素が流れています。でも、年を取るとこの酵素の働きが弱くなるために体が錆びつく、つまり血管などの老化が進みます。その結果、肌にシミやしわができたり、目が悪くなったり、血管が詰まったり破れたりするわけです。そこでアントシアニンのような抗酸化物質を取り込むと、それが血液の中に入って酸化物を取り除いてくれます。日本のような超高齢社会とか、あるいは高ストレス社会の中で生きている人にとっては抗酸化作用

を持った食べ物がますます重要になってくることでしょう。

　オレンジ系のサツマイモはβカロテンをニンジンよりも豊富に含んでいます。βカロテンは抗酸化活性を持ち、体内でビタミンAになります。ビタミンAは目の網膜の形成、皮膚や骨の代謝に必要な栄養素です。サプリメントなどでビタミンAを摂取しすぎると過剰障害を起こしますが、βカロテンとして取れば、必要な時に必要な量だけのビタミンAに変換されるので過剰障害を発症する心配がありません。

　ところで、草食性で腸の長い民族の日本人が肉類ばかり食べていると、大腸の動きが悪くなり、便秘を引き起こします。そのため繊維質のある食物を取る必要があります。1日の必要摂取量は、成人男性で20g弱ということですが、若い人はまったく量が足りていません。いま日本人1人あたりのサツマイモ消費量は年間3kg程度ですが、ジャガイモ並みに15kgくらい食べると不足分の半分くらいは補うことができるでしょう。サツマイモの食物繊維ではペクチンやヘミセルロースといった水溶性の繊維と、セルロースといった不溶性の繊維の含有量のバランスがよくとれています。便秘解消だからといって、不溶性の食物繊維だけを取りすぎると大腸が詰まって大変なことになります。

　これからの日本ではサツマイモについてもう少し戦略的に位置づけし、持続可能な農業を作り上げるための素材として考える時期に来ているのではないでしょうか。

栄養の探求と加工の発展は日本の業績

　日本のサツマイモが進むべき道への布石はすでにあります。黄色やオレンジ色をしたサツマイモの一般的な栄養成分（炭水化物、タンパク質、脂質、

ビタミンやミネラルなど）についてのデータはよく知られていますが、紫サツマイモのアントシアニンや葉に含まれるカフェ酸誘導体のような機能性成分についてのデータを取ったのは日本が世界で初めてなのです。

サツマイモのアントシアニンの構造や安定性、そして機能性の研究までもが世界に先駆けて進められ、天然色素としての利用のみならず、パウダーやジュースのような加工利用の実用化も先行しました。

世界の国が豊かになるにつれて、食べ物の役割も従来のようにおなかを満たすことから味を楽しむ、さらには健康増進をという流れが生まれてきました。サツマイモの役割も飢餓への対応からおいしい焼きいもへ、そして健康増進が見込まれる有色サツマイモへと見直されるべきだと思います。この健康分野で日本のサツマイモ研究者が果たした役割はとても大きいのです。

環境条件や食習慣が異なるのだから、農産物の利用について国ごとに特徴があってしかるべきだと思いますが、食の世界が健康志向、とりわけ生活習慣病との闘いの方向に進むことはまちがいないでしょう。

日本のサツマイモを面白くする地元民間企業

最も有名なのは鹿児島県鹿屋市の唐芋菓子専門店「フェスティバロ」（現在は南国興産の子会社）ですね。郷原茂樹社長はサツマイモの特徴をよく知った方で、とてもユニークでおいしい製品を作っています。初めは鹿屋市でサツマイモを使った洋食レストランを始めたのですが、うまくいかずにスイーツに転換してから成功しました。

鹿児島では昔からサツマイモを使った薩摩料理が有名で、私はおいしいと思うのですが、一般にはあまり知られていませんね。なんでも、鹿児島では「来客にサツマイモ料理を提供するのは失礼だ」というとんでもない

考え方があるからだと聞いています。

　川越にも「いも膳」という高級なサツマイモレストランがあります。関西には白ハト食品工業があり、大学いもの最大手でサツマイモのパイもおいしくて有名です。茨城県行方市に農業体験型テーマパーク「ファーマーズヴィレッジ」をつくった会社です（p.149参照）。ここは東京発の「はとバス」の定期遊覧観光コースにもなっています。

　南九州市には「あめんどろ（いも蜜）」を作る農業生産法人ができました（p.130～131参照／実はあめんどろの製造技術には私と前述の吉元博士が関係しています）。また、宮崎には有色サツマイモジュースを作るJA経済連の「農協果汁」やサツマイモパウダーを作るJA都城の「くみあい食品」などがあり、サツマイモを使った素材産業が南九州で育っています（これらもすべて私が関係しています）。

　サツマイモから農産物の新しい商品を開発するためには、加工方法だけでなく、加工機材の開発や製造システムの構築なども必要です。だから、地域にある程度の食品産業が育っていないと新しく開発した技術の移転がうまくいきません。その点、九州は食品産業の集積が最も進んでいる地域だと思います。

　繰り返し強調しますが、日本のお菓子文化というのは世界的に見て素晴らしいものです。サツマイモをお菓子に使うことにかけては日本がダント

> **商品化する周辺企業の能力**
>
> 　世界商品となったインスタントラーメンにしても日本の企業が開発した商品です。日本の食品企業は商品デザイン力や加工技術、加工のための機械の開発などがとても優れていると思います。調味料など味付け能力も素晴らしいでしょう。味噌やしょうゆ、それに味の素などはすでに世界の調味料となっていますね。このような技術力の高い食品企業がいろいろ協力してくれるからこそ作物の新しい食べ方が生まれるのです。

ツに進んでいます。洋菓子から和菓子まですごい品揃えですよ。サツマイモのスイーツ、これを世界中に広げたい。モンブランの上の縞模様はほとんどサツマイモが使われています。栗は値段が高いし、堅い皮をむくのも面倒ですしね。

5　日中韓サツマイモ研究会

最前線を行く日中韓サツマイモ研究会

　日中韓のシンポジウムは2年に1回開催されます。この3カ国はサツマイモが最後にたどり着いた東アジアの国々ですね。開催地は日本・中国・韓国の間で順番に務めます。東アジアではサツマイモの栽培法がまったく同じですから研究成果は共通して活用できます。2014年の鹿児島シンポジウムは6回目にあたり、日本では2回目の開催となります。いつも100名以上が集まる世界最大のサツマイモの研究会です。2016年には中国で第7回が開催されました。

　このシンポジウムの開催については深いわけがあります。1990年代、鹿児島大学農学部の国分教授の研究室に劉さんという中国からの留学生がいました。北京農科大学の出身だったと思います。彼は博士号を取って大学に戻った後、1995年に日中サツマイモシンポジウムを北京農科大学で開催しました。このとき鹿児島大学の関係者や日本のサツマイモの研究者が多数招待されました。非常に大きな会議でしたね。200名以上集まったと思います。大学の大ホールがいっぱいになりました。

　シンポジウムの後、次回を日本で開催してほしいと中国側から要望がありました。鹿児島大学で開催の準備を進めたところ、間際になって外務省から「このところ中国から日本に来た訪問者が行方不明になる例が多い。中国から人を呼ぶのだったら、それぞれの研究者に日本人の身元引受人を付けるように」と注文がついて会議開催はドタキャンになりました。

　しばらくして「日本でシンポジウムができないのなら韓国でやりましょう」と2004年に第2回となるサツマイモ国際ワークショップの開催が計

第4章 サツマイモの歴史地理

画され、日中韓のサツマイモの研究者が木浦にある国際農業試験場に集結しました。そのときに「これからは日中韓で定期的会議をやろう」という話が中国や韓国側から提案されました。当時、私はサツマイモの研究担当者という立場から離れ、九州農業試験場畑作部長という管理職として参加していました。国際的な場では管理職は即断即決が常識で、帰ってから検討しますというのではダメなのです。

　当時の鹿児島大学にはすでにサツマイモの研究者は誰もいなくなってしまったのでもう頼りにはできません。そこで私の独断で「よし、日中韓の次回会議を日本で開催することにするから、それぞれの国から代表を出してボードとなるメンバーをいま決めよう。日本での開催なら、ボードのヘッドは日本の研究者が務める」と開催に必要な予算のことなどまったく考えずに、3回目を日本で開くと明言してしまいました。

　そう判断した背景には、私が九州における畑作研究の責任者となってから、宮崎県都城市でサツマイモに関わる国際会議「サツマイモワークショップ」を1997年と2000年の2回開催した経験がありました。その時にはアジアだけでなく、アメリカやニュージーランド、南アフリカなど世界から研究者を集めました。

　地方にある都城市でこのような国際会議が開かれるのはそれほど多くはないでしょう。滞在したホテルでも英語がまったく通じないので参加者や担当者はさぞ苦労したのではないでしょうか。先進国では国際会議は大都市ではなくて地方でやるものだというのが常識ですが、日本は大都市中心に国際会議を開催することが多いですね。これは文化の偏在の点で問題ですが、最近ではサミットのような大きな国際会議を地方で行うようになってきました。

　私はこそこそと密かに研究を行うことは好きではありません。研究所から予算をもらって『さつまいも研究最前線 (Sweetpotato Research Front)』

(略称：SPORF) という英文冊子を発行し、日本のサツマイモ研究の真髄を世界に向けて発信もしてきました。以前はインドネシアから英文の「サツマイモレター」という情報誌が出されていましたが、予算がなくて出版が中止になってしまいました。そこで日本がその後を引き継ぐことにしたのです。当初は年に2回の発行で、現在でも世界でただ一つ、英文で書かれたサツマイモ研究レビューだと思います。人類に役立つ研究成果はできるだけ迅速に公開し、世界中に広めるべきです。

シンポジウムの変遷

話を日中韓シンポジウムに戻します。このシンポジウムでは主要テーマは特に決められてはいませんでした。ただ、研究発表のプログラムの順番を整理するために、まずカントリーレポート、それから専門分野である育種、栽培、加工利用など発表が続いていきます。

日本の研究者は英語が苦手ということもあり、国際会議に出て積極的に発言することが少ないですね。たどたどしくてもいいから、筋道を立ててしっかり議論できるようなレベルの会話が求められています。

私は英語が好きなので、国際会議ではよく基調講演や司会を依頼されました。研究室にも海外から研究者を毎年招待し、一緒に研究もしました。ですから国際会議を開くことは苦になりませんでしたし、呼びかければ会議に出てくれる友人も海外にたくさんいました。現在、サツマイモのルーツプロジェクトで世界中を旅していますが、かつての研究者仲間と再会するのも楽しみの一つです。

参加する研究者には妙な思惑などなくて、純粋に研究情報の交換を目的として集まってきます。日中韓とも中心となる研究者はそれぞれに能力が

あり、優秀だと思います。

　会議ではいつも活発に議論が行われますが、議事は粛々と進みます。政治と学術はまったく別物です。中国とは尖閣列島、韓国とは竹島や従軍慰安婦問題をめぐってゴタゴタしています。古くからの歴史の中で長く友好的であった隣国同士が、現代史の中で対立したわずかな時間のために、いまでもいがみ合っている。これは建設的ではないですね。

　日本が引き起こした大きな侵略戦争によって特に迷惑をかけた隣国の中国・韓国とは誠実な反省を込めてサツマイモシンポジウムのような学術的、文化的交流を行っていきたいという思いが私にはありました。

　研究成果の実用化を進めることについては、これまで日本が抜群の力を発揮してきました。中国や韓国では食品産業が日本ほど育っていないので、研究成果の実用化にはたしかに制限がありますね。

　いま私は茎葉使用品種のすいおうについて、東洋新薬をスポンサー企業として研究会を組織し、品種の普及や商品の普及に努めています。でも、今後も日本の研究者が成果の普及をそこまでやってくれるのか確信が持てません。

　私がサツマイモの研究者になった時代、日本がサツマイモ研究で世界と競えたのは野生種の解析くらいでした。栽培種はどのようにして野生種から進化したのかというようなかなり基礎的な研究です。世界から見て日本の研究内容は大して魅力的には見えなかったことでしょう。私がサツマイモ研究のリーダーとなってからは、品種開発分野のみならず、機能性や加工利用の研究、栽培の研究などサツマイモ全般についてユニークな研究成果を出すことによって世界中から注目を浴びてきました。特に中国からの注目度は大きく、私は依頼されて何回も講演旅行をしました。私が退職する直前の2006年に都城市で開かれた第3回日中韓サツマイモシンポジウ

ムでは、中国や韓国のサツマイモ研究所からこれまでの功績を称えた記念品をいただきました。さらに中国の研究機関への就職を打診されるという"アクシデント"もありました。

会議で披露した「日本の先端的な研究の成果」とは？

　有色サツマイモについての機能性研究は日本が発祥の地です。その成果は現在の世界のサツマイモの市場拡大に役立っていると思います。私がこれまでに訪問したどの国でも、機能性食品としてサツマイモを評価し、その消費拡大を目指しています。

　日本のサツマイモ研究は大学や民間企業との連携を中心として進められていることが大きな特徴です。このような研究の進め方は、日本ではもちろん、世界的にも珍しいのではないでしょうか。基礎研究から商品化までを同時に並列的に進めていくやり方です。私はこれを「パラレル型研究推進システム」と呼んでいます。

　従来はまず基礎研究を始め、その結果を見てから開発研究に進み、さらに実用化研究を行って商品化するというやり方です。私はこれを「リニア型研究推進システム」と呼んでいます。パラレル型では商品化を図りつつ基礎研究を進めるので、途中で基礎と開発、そして実用化研究との間で何回もフィードバックが行われます。リニア型ではまず基礎研究を済ませてから開発研究に進み、そこがクリアしてから商品化をという段階的な進み方をするので、商品化時点で何か問題が発生しても、それが基礎研究のグループにはなかなか伝わりにくいですね。すでに熱意が冷めてしまっている場合もあるし。あるいはすでに他の研究課題に取り組んで手一杯という場合もあるでしょう。日本のようなパラレル型の研究システムを組めることが、中国や韓国の研究者にとって大変な驚きだったようです。

おわりに──サツマイモの研究者が思う「理想の日本」

　私の抱く日本の将来像は「世界から尊敬される国」です。軍事力や経済力をもって世界に君臨するようなアメリカ型の国ではなく、自然（Nature）、文化（Culture）、科学（Science）という三種の神器をもって世界に貢献できる、品格ある「尊敬される国」です。自然は環境（Environment）、科学は教育（Education）と読み替えてもいいでしょう。
「美しい自然や環境を守り、それを世界に提供して、世界から観光客を集めること」
「日本の文化や伝統を世界に発信し、世界の人に楽しんでもらうこと」
「科学技術の開発や研究者の育成に力を注ぎ、より暮らしやすい世界をつくること」
　このようなことに貢献できる国をつくりたいと思っています。私のような一介の研究者ができるのはサイエンス分野や食文化の部分ですね。

　人間は食べ物なしに生きていくことはできません。祖先は自然からいろいろな食べ物を恵んでもらい、生き続け、そして現在の私たちが存在しているわけです。自然に感謝するとともに、自然から与えられた食べ物を大切にしなくてはいけません。消費者の皆さんは"食べ物を大切にする"といえば、できるだけ捨てないで全部食べましょうということになりますね。でも、研究者は研究対象作物（私の場合ならばサツマイモ）をとことん理解し、その作物の持てる能力を最大限発揮させること。利用すべきところはすべて利用し尽くし、廃棄する部分を可能な限り減らす。そのための研究を精一杯行うことが私たち研究者の使命です。
　いろいろな作物を見渡しても、すでに完全に理解したなどと大きなこと

を言えるような研究者はいないでしょう。作物から発せられるメッセージに謙虚に耳を傾け、よく観察することで、作物の持つ潜在能力が見えてくると思います。これは、人間の教育の場合とよく似ているのではないでしょうか。

サツマイモと私──あとがきにかえて

「この本はどんな仕事人が書いているのか」──そのことは本文では断片的にしか書いていなかったので、私の職歴やこれまでの仕事の内容を明らかにしてあとがきとしましょう。

農林省での勉強時代

私は1947（昭和22）年、静岡市の街中に生まれました。隣家が焼きいも屋さんだったので、いまにして思えばサツマイモとは縁があったのかもしれません。京都大学の農学部で品種改良（育種学）を学び、農林省（現・農林水産省）に入ります。配属されたのが熊本市の隣町、西合志町（現・合志市）にあった九州農業試験場（現・九州沖縄農業研究センター）。"九州でサツマイモの品種改良を担当せよ"という辞令をもらいました。選択の余地はありません。静岡しか知らない親にとって九州とは最南端の島。国家公務員上級職（現・1級）として採用されたのにどうしてそんな片田舎に行くのだ、と嘆くことしきりでした。

九州農業試験場の研究室はどこも予算が少なく、私の出た大学と比べて設備も貧弱でした。こんなことなら大学院に残っていたほうがよかったと後悔しましたが、このまま朽ち果てるわけにはいかないので、もう一回勉強しようと26歳の時に名古屋大学に半年間留学をさせてもらいます。生化学の研究室（瓜谷郁三教授）に行って生化学の理論と実験手法を学び、新しい発想で研究を行うことができるようになりました。これが後年、サツマイモの新しい研究、すなわち機能性や加工利用と結びついた品種改良

をするときにものすごく役に立つことになります。

　ただし、当時の試験場には名古屋大学で学んだ生化学的手法を使うための設備がないので、九州に戻ってからもでんぷん原料用サツマイモの品種改良を従来どおりの方法に沿って黙々とやっていました。でもしばらくすると、また物足りなくなって今度は海外に出て遺伝学研究の先端にふれたくなりました。品種改良の理論的ベースは遺伝学にありますから。33歳の時に家族全員を連れてアメリカに渡り、ノースカロライナ大学遺伝学部（ノースカロライナ州ラーレイ市）に留学し、トウモロコシの研究室（チャールズ・スチューバー教授）に入りました。当時、トウモロコシの研究は世界でアメリカが断然進んでいました。数理統計的な手法や生化学的な手法を使って新品種の選抜を行っていたので、1年間かけて新しい選抜理論や選抜手法を勉強しました。

　帰国して半年くらいしたら、研究はもういいから行政部門に異動だと言われ、霞が関の本省に移って「研究行政」を3年半。そしてまた研究に戻った時には37歳になっていました。

　このまま行政職を望めば本省に残れますが、研究から行政に移った人間は研究職に戻りたがることが多いものです。私の場合も早く研究職に戻してほしいと願い出て、決まった赴任先が「野菜・茶業研究所久留米支場」（福岡県久留米市）でした。今度は"イチゴの育種をせよ"という辞令をもらいました。

　サツマイモもイチゴも苗を作って植えるという栽培法だから"できないことはないだろう"と思われました。ところがサツマイモは露地栽培で、イチゴはハウス栽培です。根菜と果菜では収穫の仕方もまったく違うため、すべてを一から勉強し直さなくてはなりません。さすがに考え込んでしまいましたが、「いま行政から出るにはこの研究室しかないぞ」と言われ、

思い切ってイチゴの研究に飛び込んでいきました。

それから約4年、イチゴのプロとして育種に励みます。日本一、いや世界一のイチゴ研究室をつくるために闇雲に勉強しました。おかげで世界中から研究者が訪ねてくるようになりました。

開発したイチゴでポピュラーなのは、あまおうととちおとめの親にあたるイチゴ久留米49号とさちのかです。さちのかは全国に広がり、さがほのか、ひのしずく、紅ほっぺの親にもなっています。ほかに寒さに強いひのみねという品種も作りましたが、こちらは佐賀県内の一部で栽培されただけで、いまではもう栽培実績はありません。

サツマイモと格闘する

ところが年を追うにつれ、九州農業試験場から「サツマイモ研究を引っ張る人材がいない。戻ってきてほしい」とたびたび電話がかかってくるようになりました。私はこれからイチゴ研究に専念するつもりだと言ったのですが、そんなことは許さんと怖い先輩たちから厳しく怒られる始末。1989（平成元）年、古巣に戻ることになりました。このときサツマイモ育種の研究室は熊本から宮崎県の都城市に移転していました。

当時の九州ではサツマイモが"崖っぷちの危機"にありました。そうなったのは、関税自由化により輸入ものの安価なトウモロコシがドッと入ってきて、でんぷん原料用サツマイモが売れなくなったからです。

日本のサツマイモの二大産地は関東と九州ですが、栽培されている品種と用途は大きく異なります。関東ではほとんどが店頭に並ぶ青果用で、残る10〜15％が菓子などの加工用。これに対して九州では6割以上がでんぷん原料でした。サツマイモのでんぷんは主として工業用の糊や紙のコーティング剤に使われていました。一番儲かる青果用は2割にすぎず、残り

は焼酎原料用でした。ですから、地元のでんぷん産業がつぶれるということはサツマイモの作付面積が半分以下になってしまうことを意味します。

　また九州では、サツマイモは高く売れるという認識がない。取り扱い方に関東並みの丁寧さがないので、青果用としては品質が見劣りします。ですから一部の特産地で作られたサツマイモ以外は高い値段で売ることができませんでした。そのため、農家は作らなくなるか、あるいは手をかけないで作ろうとする状態でした。現状を放置しておけば、九州のサツマイモが壊滅するのは明らかです。現に九州農政局は「サツマイモなどもう必要ない」という考えで、九州農業白書には「サツマイモの作付面積を現状の４万から２万haくらいにして、減らした分は野菜かお茶に変える」という方針を盛り込もうとしていたほどです。

　私はこの方針に反対しました。野菜を２万haも作ったら供給過剰で値段が暴落してしまうでしょう。お茶をそんなに作ったら大量の肥料によって地下水汚染が発生する可能性もあります。この先待っているのは畑作農業の壊滅です。もはや、サツマイモで乗り切る以外に方法はないではないかと政策の転換を迫りました。しかし、従来どおりのサツマイモ作りでは新しいマーケットなど創出できません。

　例えば、青果用では関東産のサツマイモとぶつかって生産過剰になってしまうでしょう。でんぷん用の新しい品種は鹿児島県が採用する気がないので、もう望みはありません。可能性があるのは加工用、それもこれまでなかった特徴を持ち、他の品種と競合しないような品種を開発しなくてはなりません。そこで白でも黄色でもない有色サツマイモの研究を本格的にスタートさせました。

　これまでも紫やオレンジの有色サツマイモ品種は研究室で育成されたことがあったのですが、あまり普及しませんでした。そこで、もっと色の濃い紫やオレンジ色の品種を作ろうと決めました。

しかし、単に新品種を開発するだけでは駄目なのです。これまでは新規用途の開発をしないままに新品種を作ってきたから、普及しなかったのだと思います。そこでパウダー化してパンや麺に使う、液化してドリンクの原料にするといった加工技術開発までの一貫した研究（6次産業化研究）を、他の研究室（大学や民間会社を含め）とチームを組んで進めていきました。このような研究の進め方（産学官共同研究）はサツマイモの品種開発においては行われたことがありませんでした。

有色サツマイモに活路を見出す

　沖縄県ではずっと以前から黄色系のサツマイモより紫系のサツマイモが好まれていました。もちろん沖縄の人も、焼きいもとしては鹿児島県産の黄色系のサツマイモを食べることはあります。ただ、お菓子に加工して食べるのはチンスコウでおなじみの紫系のサツマイモなのです。

　まったく新しいマーケットを創出しなければサツマイモの未来などありません。関東と同じ青果用や加工用のいもを作ったのでは競合して値段は上がらないし、ましてや生産過剰になれば暴落するだけです。これまで利用されることが少なかった濃い紫のサツマイモに注目しました。でも昔から研究しているのにもかかわらず、紫やオレンジイモはヒット商品にはならなかった。それはその加工特性を解析することなく、どう利用すればよいのかわからずにやってきたからです。

　サツマイモは健康食品といわれ、体に良いのはみんなが知っています。でも秋にしか食べません。健康のためと言うのならば、一年中食べることができなければ意味がないと思います。そこでパウダー化することを考えました。パウダーなら冷蔵庫で簡単に貯蔵もできるし、小麦粉のようにパンや麺に入れることもできるので、年間を通してサツマイモを食べること

ができます。もう一つは液体化することで、野菜ジュースのようにして売れば年中摂取することができます。ほんとの健康食品というのは、毎日食べてもらって初めてその力を発揮するものだと思います。薬ではありませんから体調が悪いときだけ摂取すればいいというものではありません。

　オレンジ系のサツマイモは体内でビタミンAに変わるβカロテンを豊富に含むため、人参のような色をしています。赤やオレンジ色の野菜はけっこう種類が多いし、また消費者に好まれています。でも「紫色なんて食欲をそそらない」「商品として売れるはずがない」という認識が当時の食品会社には強固に残っていました。

　一方、三栄源FFIのような食品添加物を製造する会社は天然色素としての紫イモに着目していました。

新タイプのいも焼酎を開発する

　私が関わったいも焼酎のこともふれておきましょう。南九州はいも焼酎の地です。でも、第一次焼酎ブームのときには「いいちこ」など麦焼酎が中心で、いも焼酎は置いてけぼりでした。このような中、焼酎かすを海に捨てる海洋投棄の禁止やアルコールに対する課税見直しで安くなった洋酒の消費増などがあり、いも焼酎の生産は低迷、関係者は危機感を抱くことになります。

　鹿児島県酒造組合から「いも焼酎のマーケットを広げるには、都会でも売れる商品が必要だ。いも臭くない新しいタイプのいも焼酎を作れないか」という協力要請が来ました。そこで初めて、いも焼酎用の品種を開発することになったのです。

　最初にできた品種が、フルーティーで端麗な焼酎ができる**ジョイホワイト**でした。ジョイホワイトは特に宮崎県の酒造メーカーで活用され、「山

猫」や「ひとり歩き」という全国ブランドが、また高級リキュール酒の「玉金霧島」も生まれました。さらに有色サツマイモ品種である紫系の**アヤムラサキ**とオレンジ系の**サニーレッド**を利用したところ、いままでとまったく違う香味を持つ新タイプの焼酎ができることもわかりました。

　そこで各焼酎メーカーに有色サツマイモの利用を呼びかけたのですが、"こんなのはいも焼酎じゃないから作らない"と拒まれてしまいました。新しい焼酎ですからまだ粗削りで今後の課題はありましたが、従来のいも焼酎とは別種の、都会の人たちや女性に好まれるような斬新さがありました。それは赤ワイン風の香り、柑橘系や熱帯果実風の香りであり、誰でも従来のいも焼酎との違いがすぐにわかるものでした。後年、科学的に分析した結果、たしかにそういった特別な香り成分が入っていることを確認できました。

　有色サツマイモのいも焼酎はなかなか普及しない状態が続きましたが、やがて霧島酒造が紫系の品種**ムラサキマサリ**を用いた「赤霧島」を発売、2014（平成26）年にはオレンジイモ系の品種**タマアカネ**で作った「茜霧島」を発売し、これらが爆発的な人気銘柄となりました。とうといも焼酎はブームに火が付くことで、日本酒の消費量を追い越してしまいました。新しい市場を切り拓くことにおいて、新品種の力はやはり大きいことがわかると思います。

　いまや九州のサツマイモは焼酎用がメインといえるでしょう。残りを青果用とでんぷん用で、あとの少しは加工用という状態です。こういう具合に農作物の低落に戦略的に対処したケースは珍しいと思います。お米は、膨大な国の政策予算をつぎ込んで新用途開発を行っていますが、補助金に頼らない、本当の意味での生産構造の転換はうまく進んでいません。サツマイモは、研究費以外には国の予算を使わずに構造転換を図ったのです。

サツマイモと私――あとがきにかえて

民間の研究者となった現在は……

サツマイモの育種の仕事が終わって、管理職になり、やがて九州沖縄農業研究センターの所長になり、研究からしばらく遠ざかった後、農水省を60歳定年で退職（2007［平成19］年3月）。しかしながら、研究者に対して一律に定年制を適用することはいまでも腑に落ちません。体力は低下しても頭脳はますます盛んになると思っていますから。定年後は茨城県つくば市にあるＤＮＡ研究のメッカ「農林水産先端技術研究所」に赴任しました。私の担当部局では民間企業と協力して品種識別用のＤＮＡマーカーを開発することに力を入れました。

日本で作られた品種が無許可で海外生産された上、日本に逆輸入されたとします。これは知的財産権の侵害です。こういう場合、品種を確認するためにはＤＮＡを採取し、開発されたＤＮＡマーカーを使って遺伝子を比較し、相同性を判定します。種苗法という現在の法律では、品種の識別は形態的特性によって行うということになっているので、まだ遺伝子レベルでの品種識別は法的にオーソライズ（公認）されたものではありませんが、将来はこのマーカーが判断の決め手になると思います。

最初は、スプレーギクの品種識別用のＤＮＡマーカーを作りました。ヨーロッパでは開発に失敗したのですが、私のところでは2年間で成功しました。次にキャベツのＤＮＡマーカー、さらにシンビジウムや枝豆用のＤＮＡマーカーを作りました。4年間の在籍でしたが、その間に4作物のマーカーを作ることができたのは優秀なスタッフがいたおかげだと感謝しています。

そして2011（平成23）年、サツマイモの"聖地"埼玉県川越市に引っ越しました。農業生産法人ベジタ穂という企業から、サツマイモやイチゴの栽培を教えてほしいと依頼され、技術顧問を3年間務めました。2014（平

成26)年4月から非常勤の顧問となったことをきっかけに、「山川アグリコンサルツ」という私と妻だけの小さな農業コンサルの仕事を始めました。無農薬栽培の実験農場として使うための農地も拝借しました。現在、いくつかの企業のコンサルタントを務めていますが、農業による地域活性化の仕事なら何でも取り組むつもりです。

　それからイチゴについても研究活動を再開しています。ハウスで作る普通のイチゴでは研究としてはつまらないので、これまでにない高級ジャム用を作るためのイチゴを研究課題としています。

　最後に、本書にご協力くださった各方面の企業・大学関係者の皆さまと、粘り強く原稿にまとめてくださったライターの南條廣介氏、現代書館編集部の山本久美子氏に深く感謝いたします。

　　2017年2月

　　　　　　　　　　　　　　　　　　　　　　　　　山川　理

主要参考文献

『サツマイモのきた道』小林 仁、古今書店、1984 年
『サツマイモの遍歴——野生種から近代品種まで』
　塩谷 格、法政大学出版局、2006 年
『さつまいも』坂井健吉、法政大学出版局、1999 年
『サツマイモ事典』一般財団法人いも類振興会 編集・発行、2010 年
『焼きいも事典』一般財団法人いも類振興会 編集・発行、2014 年
『焼きいもが、好き！』日本いも類研究会「焼きいも研究チーム」編集、
　農文協、2015 年

● 著者紹介

山川　理（やまかわ・おさむ）

1947 年、静岡市生まれ。
1969 年、京都大学農学部卒。農学博士。
1969 年～ 1982 年、農林省九州農業試験場に勤務。サツマイモの品種改良に従事。途中、名古屋大学およびノースカロライナ大学に留学。
1982 年～ 1985 年、農林水産省農林水産技術会議事務局に勤務。畑作担当研究調査官。
1985 年～ 1990 年、野菜・茶業試験場久留米支場に勤務。イチゴの品種改良に従事。
1990 年～ 1998 年、九州農業試験場に勤務。サツマイモの品種改良に従事。
2003 年～ 2007 年、九州沖縄農業研究センター所長。
2007 年～ 2011 年、農林水産先端技術産業振興センター理事。
これまでにサツマイモやイチゴの新品種を多数育成。サツマイモの加工についての特許多数。
1996 年、日本育種学会賞。1998 年、農林水産大臣賞。
現在、山川アグリコンサルツ代表として、食品関連企業の顧問や地域の活性化アドバイザーとして活躍。千葉大学園芸学部非常勤講師。

主著『未来を拓くグリーンハイテクノロジー』（共著者、農林統計協会）、『ストレスの植物生化学・分子生物学』（共著者、学会出版センター）、『新品種で拓く地域農業の未来』（共著者、農林統計出版）。

連絡先：oyamakawa.breeder@gmail.com

サツマイモの世界 世界のサツマイモ──新たな食文化のはじまり

2017年3月10日　第1版第1刷発行
2020年10月1日　第1版第2刷発行

著　者	山　川　　　理	
発行者	菊　地　泰　博	
インタビュー・構成	南　條　廣　介	
組　版	具　羅　夢	
印　刷	平河工業社（本文）	
	東光印刷所（カバー）	
製　本	鶴亀製本	
装　幀	伊藤滋章	

発行所　株式会社　現代書館　〒102-0072　東京都千代田区飯田橋3-2-5
電話 03（3221）1321　FAX 03（3262）5906
振替 00120-3-83725　http://www.gendaishokan.co.jp/

校正協力・高梨恵一
© 2017 YAMAKAWA Osamu Printed in Japan ISBN978-4-7684-5793-1
定価はカバーに表示してあります。乱丁・落丁本はおとりかえいたします。

本書の一部あるいは全部を無断で利用（コピー等）することは、著作権法上の例外を除き禁じられています。但し、視覚障害その他の理由で活字のままでこの本を利用できない人のために、営利を目的とする場合を除き、「録音図書」「点字図書」「拡大写本」の製作を認めます。その際は事前に当社までご連絡ください。
また、活字で利用できない方でテキストデータをご希望の方はご住所・お名前・お電話番号をご明記の上、右下の請求券を当社までお送りください。

活字で利用できない方のためのテキストデータ請求券
『サツマイモの世界 世界のサツマイモ』

自家採種ハンドブック
M・ファントン、J・ファントン 著／自家採種ハンドブック出版委員会 訳

「たねとりくらぶ」を始めよう

植物の多様性を維持するためには、在来種を保存し、作り続け、食べ続ける人がいることが重要だ。その観点で、日本で入手可能の126種の野菜・ハーブの採種・起源・栽培・利用や種にまつわるエピソードも掲載した。誰にでもできる採種法。

2000円＋税

にっぽん たねとりハンドブック
プロジェクト「たねとり物語」著

かつて農家で伝統的に自給用として栽培されていた野菜の在来品種が姿を消している。その「種」を守るため在来種64種の繁殖・採種・保存からレシピまでカラーで紹介する。誰でも簡単に種取りができるように分かりやすく書かれている。

2000円＋税

種と遊んで
山根成人 著

「農」の出発点は「種」にあると考え、種採りの研究会で種の交換会にかかわりだした。その土地に合った作物を先人達が長い時間を掛けて作っていた。それを次の世に引き継ぐための作業の記録。

2000円＋税

有機農業による社会デザイン
文明・風土・地域・共同体から考える
本野一郎 著

3・11以降、日本人の安全に対する意識は変化した。40年に亘る有機農業への取り組みから「食の安全」を確保するためには、自給と協同の実践が有効ではないか、と提案する。世界の実践例や自らの体験を基に今後の有機農業への展望を述べる。

2200円＋税

農業に正義あり
石堂徹生 著

明治政府の林野収奪、戦後の輸入自由化などの悪政に抗い続け、農業の営みによって国土を死守してきた人々の「正義性」を鋭く論じる。高い技術を持つプロ農家を核とした国民参加型の新たな農業を提起し、これからの農のあり方を現代に問う。

2300円＋税

農本主義が未来を耕す
自然に生きる人間の原理
宇根 豊 著
田地一町畑五反貸さず売らず代を渡せ

現代の「農本主義」とは何か。土に、田畑に、動植物に。それらと共に生きることに人間の体と生活を委ね、喜びも哀しみも抱きしめ生きていく。この営みを「農」と名付け、その原理を「農本主義」と提唱する。ポスト経済至上社会の書。

2300円＋税

中国コメ紀行 すしの故郷と稲の道
松本紘宇 著

現在、日本のすしは世界的ブランド食「なれずし」が元祖。米国で最初のすし専門店「竹寿司」の開業者がその故郷を求めて秘境・雲南など悪戦苦闘の一人旅。すしのルーツは稲の道と繋がっていく。

2300円＋税

（定価は二〇一七年三月一日現在のものです。）